Python 程序设计项目式教程

主　编　王万振　曹　凤　聂成龙
副主编　信苗苗　胡　倩　范军政
参　编　赵　青　刘爱迪　于广金
　　　　于文悦

东南大学出版社
·南京·

内容提要

本书共分为3个模块、8个项目,分别对应 Python 语言的环境配置、基本语法规则、字符串、函数式编程、控制结构、组合数据类型、文件读取与处理、第三方库的使用。每个项目开始列出了学习目标及重难点,每个项目被分为若干个子任务,通过任务引入、知识储备、任务实施、项目总结、项目拓展与练习完成整个项目。各项目及任务来源于生活、行业及专业等应用层面的实际问题,具备趣味性、应用性等特点。各项目编写时参照了全国大学生计算机等级考试大纲(2024年版)对相关知识的要求。本书适合作为电子信息类专业对应课程的教材和其他专业的应用参考用书。

图书在版编目(CIP)数据

Python 程序设计项目式教程 / 王万振,曹凤,聂成龙主编. -- 南京:东南大学出版社,2025.8. -- ISBN 978-7-5766-1969-0

Ⅰ. TP312.8

中国国家版本馆 CIP 数据核字第 2025H2X075 号

策划编辑:邹 垒　责任编辑:秦艺帆　责任校对:韩小亮　封面设计:王 玥　责任印制:周荣虎

Python 程序设计项目式教程
Python Chengxu Sheji Xiangmushi Jiaocheng

主　　编	王万振　曹　凤　聂成龙
出版发行	东南大学出版社
出 版 人	白云飞
社　　址	南京市四牌楼2号　邮编:210096　电话:025-83793330
网　　址	http://www.seupress.com
经　　销	全国各地新华书店
排　　版	南京布克文化发展有限公司
印　　刷	丹阳兴华印务有限公司
开　　本	787 mm×1 092 mm　1/16
印　　张	16.5
字　　数	382 千
版 印 次	2025 年 8 月第 1 版第 1 次印刷
书　　号	ISBN 978-7-5766-1969-0
定　　价	52.00 元

本社图书如有印装质量问题,请直接与营销部联系(电话:025-83791830)

数智赋能制造业 3C 融合应用创新系列教材
编 委 会

主　任：袁东风

副主任：王树徽　秦承刚　付海燕　曹建荣　王　袭　陶新民
　　　　徐文进　陈天真　张明强

委　员：李　娜　曹　凤　王　枭　张庆岩　胡宾鑫　雷腾飞
　　　　刘　媛　王万振　刘延春　黄　振　黄运波　王　香

引 言 INTRODUCTION

党的二十大报告指出,推动战略性新兴产业融合集群发展,构建人工智能等一批新的增长引擎,加快发展数字经济,促进数字经济和实体经济深度融合。人工智能是引领这一轮科技革命和产业变革的战略性技术,具有溢出带动性很强的"头雁"效应。Python 作为人工智能必备的编程语言备受各行各业的关注。

如果倾向快速解决实际问题,那么 Python 是很好的选择。Python 语言专注于解决各行业的问题,能助力解决方案的快速落地。Python 庞大的扩展库构建了强大的语法生态,其应用几乎已经渗透到了所有领域和学科。交叉融合发展背景下,新一代信息技术成为各专业行业急需补齐的短板。Python 语言成为新的入门级首选。市面上系统性的 Python 语言学习教材较多,它们往往语法繁多,案例枯燥远离实践应用,往往会让读者产生"学习 Python,从入门到放弃"之感。本书定位为应用型教材,致力于读者通过项目式学习能够快速入门 Python 基本语法、掌握常用结构及熟悉通用性扩展库,大大提高读者学习效率,缩短利用 Python 解决行业实际问题的时间。

本书共分为 3 个模块,8 个项目,分别对应 Python 语言的环境配置、基本语法规则、字符串、函数式编程、控制结构、组合数据类型、文件读取与处理、第三方库的使用。每个项目开始列出了学习目标及重难点,每个项目被分为若干个子任务,通过任务引入、知识储备、任务实施、项目总结、项目拓展与练习完成整个项目。各项目及任务来源于生活、行业及专业等应用层面的实际问题,具备趣味性、应用性等特点。另外各项目编写时参照了全国计算机等级考试大纲(2024 年版)对相关知识的要求。

本书既适合非计算机专业的初学者快速学习 Python 语言,又适合计算机专业的学生快速熟悉 Python 语言,掌握更深层次的人工智能技术,还可作为人工智能爱好者接触 Python 的参考书。本书注重应用性,在解决实际案例问题中提升对 Python 语法的了解、提升读者编程能力。

本书编写团队包括教授、讲师、助教等一线教师团队以及企业工程师团队。其中模块一中项目 1、项目 4 由王万振编写,项目 2 由信苗苗编写,项目 3 由胡倩编写;模块二中项目 5 由刘爱迪编写,项目 6 由王万振、赵青编写;模块三中项目 7 由聂成龙、于广金编写,项目 8 由曹凤、于文悦编写。智慧交通、智能建造等相关项目的案例由山东博通交通科技有限公司范军政工程师和徐帅工程师提供。特别指出,刀具磨损监测及项目数据由齐鲁理工学院工业大数据与智能制造平台提供,感兴趣的读者可以联系编者,联系方式: wwzphd@gmail.com。

受限于编者的知识储备和水平,编写过程中虽认真严谨,但仍可能会有纰漏与不当之处,恳请读者批评指正。

编 者

2024 年 10 月

目 录 CONTENTS

模块一　Python 入门 …………………………………………………… 001
  项目 1　规范与效率——**Python** 之禅 ………………………………… 003
    1.1　Python 隐藏代码寻找 …………………………………………… 006
    1.2　设计并打印名片 ………………………………………………… 020
  项目 2　时代担当——年龄计算器设计 ………………………………… 028
    2.1　年龄存储与计算 ………………………………………………… 030
    2.2　年龄的自动存储与规范输出 …………………………………… 039
    2.3　时间的自动获取 ………………………………………………… 042
  项目 3　大国汽车制造——**VIN** 码解析 ……………………………… 051
    3.1　VIN 码的准确输入 ……………………………………………… 057
    3.2　车辆生产地理区域和制造年份解析 …………………………… 059
    3.3　VIN 码的规范化输出 …………………………………………… 065
  项目 4　迭代创新——个性化窗帘创新设计 …………………………… 079
    4.1　正多边形的绘制 ………………………………………………… 082
    4.2　其他图形的模块化绘制 ………………………………………… 092

模块二　Python 进阶 …………………………………………………… 107
  项目 5　智能交通——区间智能测速 …………………………………… 109
    5.1　随机获取车速 …………………………………………………… 111
    5.2　车速检测及风险预警解析 ……………………………………… 115
    5.3　复杂条件下车速控制分析 ……………………………………… 125
  项目 6　智能制造——刀具状态预测性维护 …………………………… 131
    6.1　数据的读取 ……………………………………………………… 135
    6.2　简单特征提取与存储 …………………………………………… 144
    6.3　多序列特征提取 ………………………………………………… 152

模块三　Python 应用与实战 ································· 161
项目 7　金融大数据分析——股票数据处理 ··················· 163
  7.1　文件操作与存储 ··· 165
  7.2　基础数据处理与分析 ····································· 175
  7.3　文本数据处理 ··· 178
项目 8　工业大数据分析——轴承数据处理 ··················· 191
  8.1　第三方库的安装 ··· 194
  8.2　轴承数据处理 ··· 197
  8.3　数据可视化 ··· 210

参考文献 ·· 226

参考答案 ·· 227
  项目 1　练习参考答案 ··· 227
  项目 2　练习参考答案 ··· 227
  项目 3　练习参考答案 ··· 230
  项目 4　练习参考答案 ··· 237
  项目 5　练习参考答案 ··· 239
  项目 6　练习参考答案 ··· 242
  项目 7　练习参考答案 ··· 244
  项目 8　练习参考答案 ··· 250

模块一

Python 入门

本模块从项目 1 到项目 4 全面介绍了 Python 入门知识,包括环境配置、基本语法规范、基本数据类型及表达式、字符串类型、函数式编程等内容。项目融入了 time 库、Tkinter 库、random 库、turtle 库等全国计算机等级考试二级 Python 语言程序设计考试大纲要求的部分内容。

项目 1　规范与效率——Python 之禅

不同专业领域的读者在初接触 Python 语言时面临的第一道关卡是编程环境的配置，本项目针对这一问题设计了两个小趣味任务。任务 1 通过详细的安装指引引导读者查找蕴含 Python 规范的隐藏代码；任务 2 通过简单的名片打印让读者对基本代码规范有一定的认识。通过本项目读者可以快速跨过环境安装门槛、熟悉语言基本规范并尝试完成一个简单任务。读者在完成所有项目后可以再回到本项目，能够对 Python 语言的优雅风格有更深入的了解。

学习目标

1. 知识目标

了解 Python 的起源及特点，学会配置 Python 环境；

熟悉 Python 代码的基本规范；

会使用基本的库引入方法及 print() 函数打印基本内容。

2. 能力目标

提升程序语言编写规范的通用编码能力；

提升项目集成能力及规范化设计能力。

3. 素质(思政)目标

通过 Python 语言中的彩蛋更加清晰地了解 Python 语言的特点，同时养成良好的编码习惯，培养良好的规范标准意识。

通过水手 1 号探测器的事故案例了解程序漏洞(bug)的重要性，提升编程学习的严谨性。

学习重难点

1. 学习重点

Python 的安装与环境的配置；

Python 的基本编码规范。

2. 学习难点

环境配置；

缩进的管理规范。

案例

Python 是世界上许多公司和机构在生产力、软件质量和可维护性等方面取得竞争优势的一大助力。以下是现实生活中 Python 的成功案例：

在 ArchSummit 北京 2014 大会上，知乎联合创始人兼首席技术官李申申带来了知乎创业以来的首次全面技术分享。知乎的主力开发语言是 Python。这是因为 Python 简单且强大，能够快速上手，开发效率高，而且社区活跃，团队成员也比较喜欢。

2023 年金山办公宣布旗下产品 WPS、金山文档中的表格组件原生集成 Python，并面向全体用户开放体验。无须搭建开发环境，简单几步即可使用 Python。WPS 用户在新建的"智能表格"或协作模式下的普通表格顶部菜单栏中都能找到"效率"选项，点击其中的"PY 脚本"即可使用 Python，完成代码编辑后，点击编辑栏顶部的"运行"按钮即可运行代码。

网易游戏、腾讯网站、搜狐邮箱等企业或项目都有使用 Python 语言的历史。尤其是现在开发大模型的百度的文心一言、阿里云的通义千问、华为的盘古大模型等，人工智能模型的训练及推理部署等用到的框架很多是基于 Python 的。中国常用的大模型列表可以从 Github 上找到。

从下面这个网址可以看到很多中国大模型的列表以及进展情况：

https://github.com/wgwang/awesome-LLMs-In-China

更多使用 Python 获得成功的企业案例可以参考这个网址：

https://www.python.org/about/success/

Python 成为学习新一代信息技术、了解人工智能的首选语言，在企业开发、行业应用、人工智能训练与推理部署、大数据分析、自然语言处理、图像处理中应用广泛。

项目引入

作为全球编程语言流行度榜首[①]的语言，Python 语言具备很多趣味性。Python 开发者给学习者留下了很多隐藏代码，如使用代码打印 Python 之禅的英文诗、使用代码进入 Python 题材漫画网站等。

学习者可以以此为起点通过 Python 的安装及环境的配置，找到 Python 创始人留给学习者的那首"Python 之禅"的英文诗，并结合中国人工智能大模型和自己的理解将其翻译成中文。还可以通过 Python 代码查找反重力飞行漫画网站，了解 Python 神秘的第三方库。了解了 Python 的特点及基本规范之后，本项目尝试设计并打印一张介绍自己的名片。

"Python 之禅"的详细实现效果如下所示：

```
The Zen of Python, by Tim Peters

Beautiful is better than ugly.
Explicit is better than implicit.
Simple is better than complex.
Complex is better than complicated.
Flat is better than nested.
```

---

① TIOBE 编程社区指数(https://www.tiobe.com)是衡量编程语言流行程度的一个指标，Python 作为排行榜榜首的语言，具备很多趣味性。

Sparse is better than dense.

Readability counts.

Special cases aren't special enough to break the rules.

Although practicality beats purity.

Errors should never pass silently.

Unless explicitly silenced.

In the face of ambiguity, refuse the temptation to guess.

There should be one—and preferably only one—obvious way to do it.

Although that way may not be obvious at first unless you're Dutch.

Now is better than never.

Although never is often better than ＊right＊ now.

If the implementation is hard to explain, it's a bad idea.

If the implementation is easy to explain, it may be a good idea.

Namespaces are one honking great idea—let's do more of those!

名片设计参考内容如图 1.1 所示，读者可根据打印效果进行个性化设计与修改。

```
姓名:
张三
性别 男/女
职业:学生  爱好:阅读
联系方式:155××××××××
```

图 1.1　打印个性化名片参考模板(可自行设计)

▼ 项目分析

本项目为读者了解 Python 的初始项目，读者可以对 Python 有一个整体的认识。本项目可以分为以下 2 个任务：

任务 1　Python 隐藏代码寻找

任务 2　设计并打印名片

本项目涉及的知识点如图 1.2 所示。

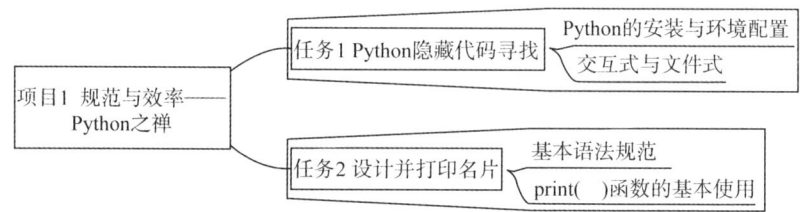

图 1.2　Python 之禅项目的知识架构图

1.1 Python隐藏代码寻找

1.1.1 任务引入

要找到Python语言中的隐藏代码,需要安装Python解释器。通俗来讲,编写的Python代码需要一个专门的Python解释器[将代码翻译成计算机中央处理器(Central Processing Unit,CPU)可以执行的语言]与计算机底层进行交流。因此常规的软件安装指的是Python解释器的安装。如何安装和配置环境呢?在哪儿编写代码能够找到隐藏的"Python之禅"代码呢?

1.1.2 知识储备

1. Python简介

1989年圣诞节期间,在阿姆斯特丹,荷兰人吉多·范罗苏姆(Guido van Rossum)为了打发圣诞节无趣的时间,决心开发一个新的脚本解释程序,作为ABC语言的一种继承。之所以选中单词"Python"(意为大蟒蛇)作为该编程语言的名字,是因为他是英国20世纪70年代首播的电视喜剧《蒙提·派森的飞行马戏团》(*Monty Python's Flying Circus*)(图1.3)的爱好者。吉多·范罗苏姆说明了他对Python的目标:

图1.3 Monty Python's Flying Circus

(1)一门简单直观的语言并与主要竞争者一样强大。
(2)开源,以便任何人都可以为它做贡献。
(3)代码像纯英语那样容易理解。
(4)适用于短期开发的日常任务。

这些想法基本已经成为现实,Python已经成为一门流行的编程语言。2011年1月,它被TIOBE编程语言排行榜评为2010年度语言。如图1.4所示,截至2025年4月Python依然处于TIOBE编程语言流行度排行榜的榜首(TIOBE的网址:https://www.tiobe.com/tiobe-index/)。

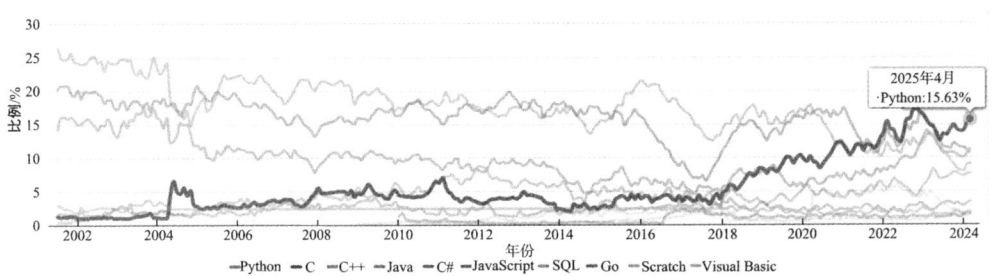

图1.4 TIOBE编程语言流行度评分趋势(截至2025年4月)

表1.1解释了Python语言与其他编译型语言的不同之处,Python是一门开源的解释型编程语言,虽然执行效率低于编译型语言,但相比于编译型语言其可移植性强。Python有着语法简单、可拓展性强以及丰富的第三模块等特点,在开发效率上更胜一筹,而且应用领域非常广泛,受到大家的青睐。

表1.1　编译型与解释型语言的区别

类型	原理	优点	缺点
编译型	通过专门的编译器,将所有源代码一次性转换成特定平台(Windows、Linux、macOS等)的机器码(以可执行文件的形式存在)	编译一次后,脱离了编译器也能运行,并且运行效率高	可移植性差,不够灵活
解释型	通过专门的解释器,根据需要可以将部分或全部源代码转换成特定平台(Windows、Linux、macOS等)的机器码	跨平台性好,通过不同的解释器,将相同的源代码解释成不同平台下的机器码	一边执行一边转换,效率较低

Python还具有以下特点:

Python是为可读性设计的,与英语有一些相似之处,并受到数学的影响;Python使用新行来完成命令,而不像通常使用分号或括号的其他编程语言;Python依赖缩进,使用空格来定义范围,例如循环、函数和类的范围,而其他编程语言通常使用大括号来实现此目的。

2. Python语言的版本迭代

Python于1990年上线,经过30多年的磨炼与优化,Python已经是目前最受欢迎的程序设计语言之一了。而且,自2004年之后,Python的使用率呈线性增长,Python 2.0于2000年10月16日发布,相比早期版本,有更加透明、包容的语言开发过程。Python 3.0于2008年12月3日发布,但是并不完全兼容Python 2.0的所有语法。所以Python 2.0代码并不能作为Python 3.0代码直接运行,反之亦然。

Python 2.7.18为Python 2.x的最新版本。相比于Python 2.x,Python 3.x版本设计理念更加合理、高效和人性化,代码开发和运行效率更高。越来越多的开发人员开始使用Python 3.x版本。截至2025年4月,Windows系统Python最新稳定版本已经更新到了3.13.3,最新的预发布版本为3.14.0a7。

如何安装适合的版本呢？学习Python基础语言,对版本要求较低。直接安装最新的稳定版解释器即可。

3. Python解释器的安装与环境配置

本书软件的安装只针对Windows 64位平台。Python解释器的安装方法如下:

(1)如图1.5所示,进入Python官网:https://www.python.org/,点击"Downloads",找到"Windows",点击进入。

(2)如图1.6所示,"Note that Python 3.10.7 cannot be used on Windows XP or earlier"表示用于高于XP的操作系统版本;"Note that Python 3.10.7 cannot be used on Windows 7 or earlier"表示用于高于Windows 7的操作系统版本。读者可以根据自己的操作系统或项目要求下载相应的版本。对于致力于学习Python语言基础的初学者,自行

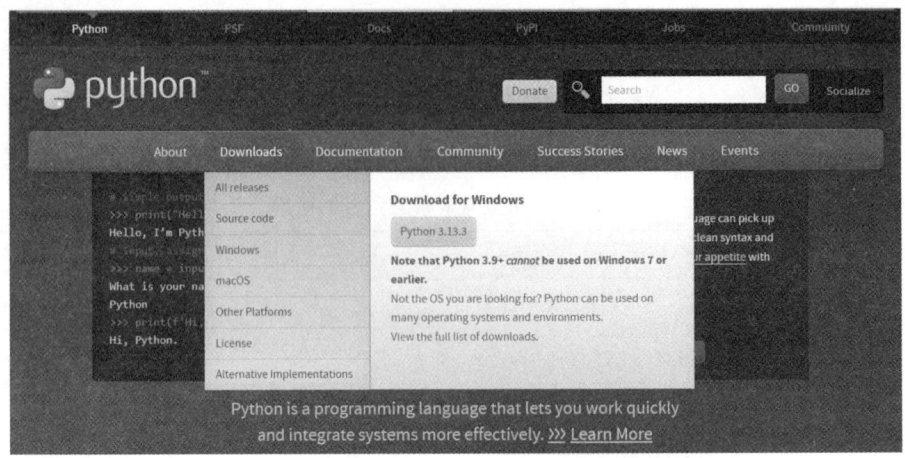

图 1.5　Python 解释器的下载地址

选择一个适合的版本即可。以 Python 3.10.7 为例，根据 Windows 系统的版本选择 32 位或 64 位，可选择 Windows embeddable package 或 Windows installer 其中之一下载，前者即为下载 zip 压缩文件；后者即为下载扩展名为 exe 的可执行文件。

(3) 以 exe 可执行文件为例，下载之后双击运行，显示图 1.7 的界面。注意，安装过程中勾选上"Add Python 3.10 to PATH"的复选框之后 Python 将被自动添加到环境变量中，如果不勾选此复选框，那么后续需要先手动添加环境变量。勾选完之后，点击"Install Now"后开始安装 Python，当显示如图 1.8 所示的"Setup was successful"时即为安装成功，点击"Close"关闭窗口即可。

图 1.6　Python 的版本

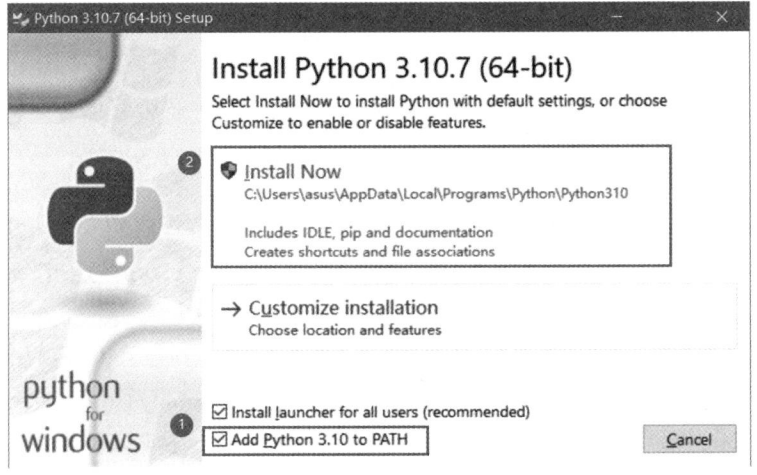

图 1.7　双击运行后的安装界面

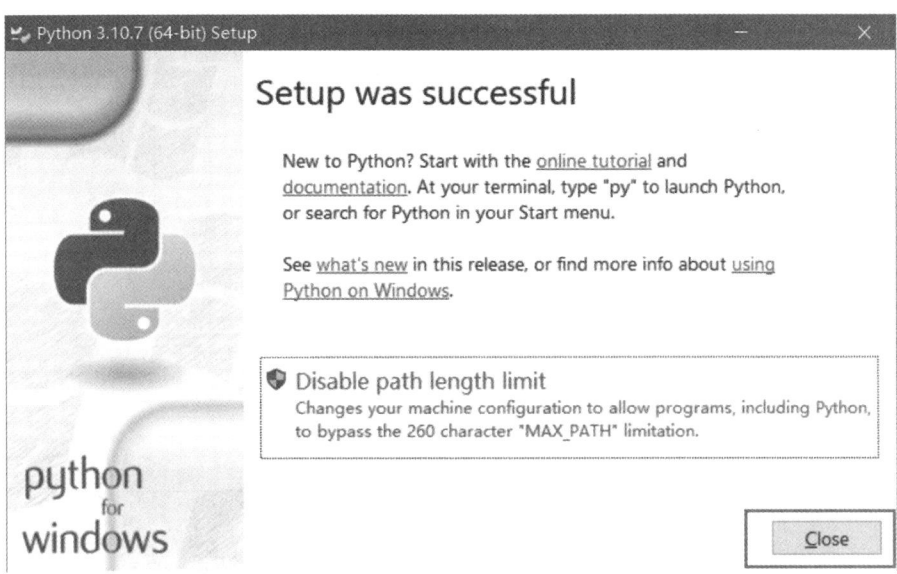

图 1.8　安装运行成功后的界面

(4) 点击"开始",找到 Python 3.10(64-bit),点击进入,显示如图 1.9 与图 1.10 所示。

图 1.9　进入 Python 环境(Windows 启动入口)

图 1.10　进入 Python 环境(控制台)

或者可以按下键盘上的"Win+R"组合键,打开运行窗口,如图 1.11 所示,输入 "cmd"之后,点击"确定"打开控制台,输入"python",显示如图 1.12 所示。(勾选"Add Python 3.10 to PATH"或添加环境变量即可成功运行)

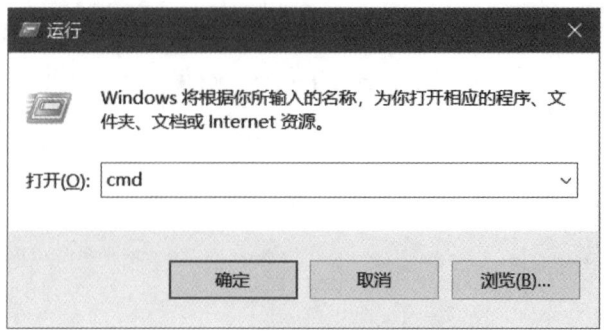

图 1.11　控制台的打开命令

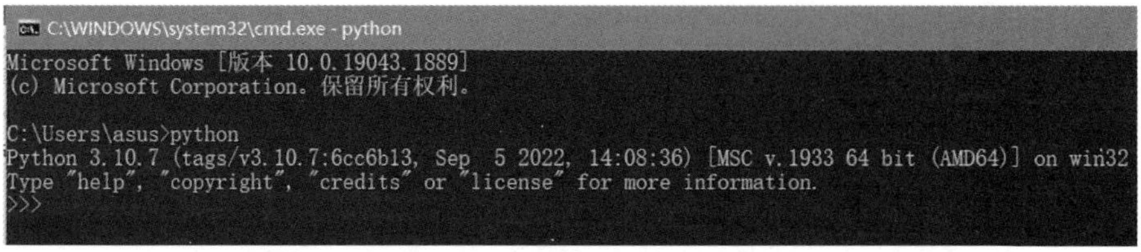

图 1.12　控制台打开的窗口

（5）输入控制台常用命令。如图 1.13 所示，输入"where python"可查找当前安装的 Python 解释器路径。

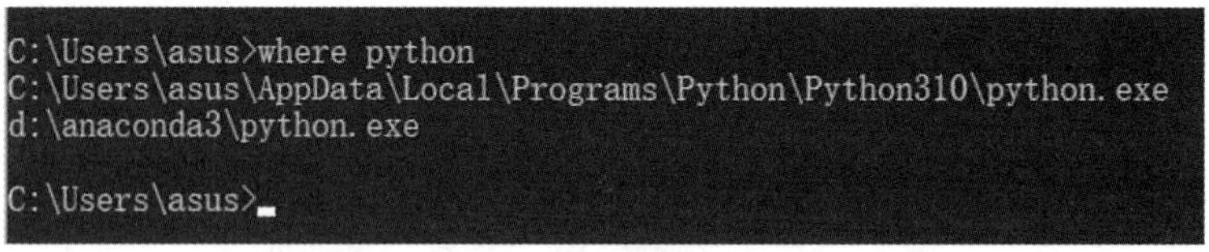

图 1.13　解释器路径的查找

输入"quit()""exit()"或组合键"CTRL＋Z"可退出当前环境。

学习一门语言的初始都会拿"say hello to the world"做例子，即实现在屏幕上打印"hello world"。进入控制台后，输入"python"进入 Python 环境，在命令提示符">>>"之后可以输入代码"print("hello world")"，按 Enter 键运行，其结果如图 1.14 所示：

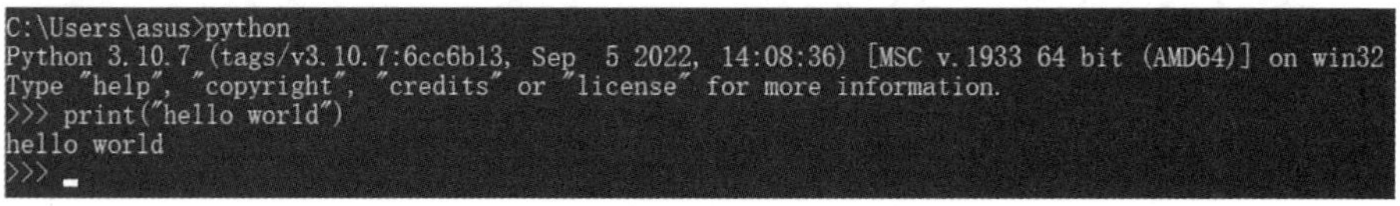

图 1.14　第一句程序语言的交互式运行结果

以上即为 Python 的交互式运行方法。

创建 txt 文件、切换英文输入法状态后，写入"print("hello world")"，之后保存为扩展名为". py"的文件，保存路径为控制台中指示的路径，例如此例中保存为"C:\Users\asus\test. py"。使用同样的方法进入控制台之后，使用"python test. py"即可运行，此方法为文件式运行 Python 程序，其实现的效果与交互式一样（图 1. 15）。

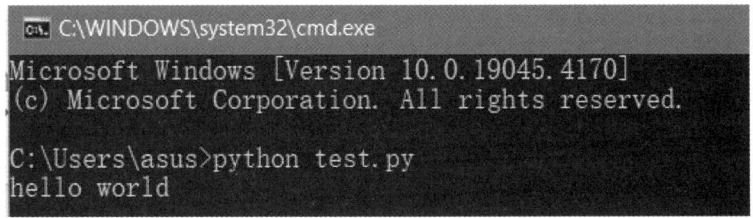

图 1. 15　文件式运行结果

4. 集成开发环境的使用

集成开发环境（Integrated Development Environment，IDE）是一种软件应用程序，旨在为软件开发人员提供一个集成的开发环境，以便于编写、调试和管理代码。IDE 提供了多种功能，包括代码编辑、自动完成、调试、构建和部署等，以帮助开发人员提高生产力和代码质量。

Python 开发中常用的 IDE 有很多选择，如安装解释器时自带的 IDLE 以及 Jupyter Notebook、Visual Studio Code（VSCode）、Spyder、Sublime Text、PyCharm 等。

（1）IDLE

IDLE 是"Integrated Development and Learning Environment"的简称，是 Python 官方提供的一个简单的集成开发环境。其界面如图 1. 16 所示。它通常随着 Python 的安装一起提供，因此对于初学者来说非常方便。以下是一些关于 IDLE 的特点：

简单易用：IDLE 提供了一个简单易用的集成开发环境，适合初学者学习 Python 编程。

基本功能多：IDLE 包括代码编辑器、交互式解释器、调试器等基本功能，能够满足日常的 Python 编程需求。

集成解释器：IDLE 包含一个交互式 Python 解释器，可以方便地执行 Python 代码并查看结果。

提供调试功能：IDLE 提供了基本的调试功能，可以帮助用户进行代码调试和错误排查。

支持代码自动完成：IDLE 支持基本的代码自动完成功能，能够提高编程效率。

尽管 IDLE 没有像 PyCharm、VSCode 等专业 IDE 那样丰富的功能和扩展生态，但它简单易用，并且能够满足入门级别的 Python 编程需求。对于初学者来说，IDLE 是一个很好的起点，可以帮助他们快速上手 Python 编程，使他们逐渐掌握更高级的开发工具和技术。截至 2023 年，全国计算机等级考试二级 Python 语言程序设计考试中建议的环境为：Windows 7 操作系统，Python 3. 5. 3 至 Python 3. 9. 10 版本，IDLE 开发环境。

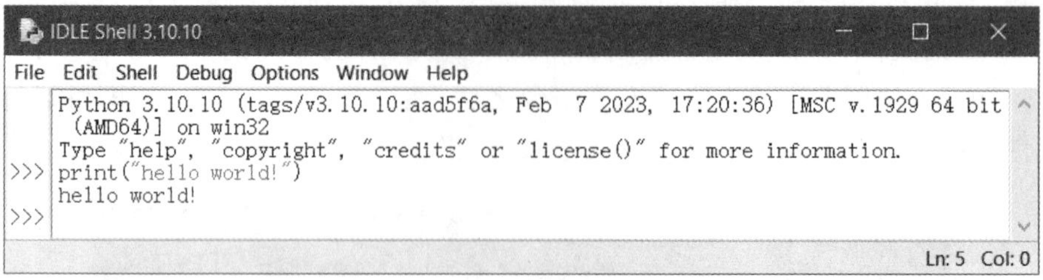

图 1.16　IDLE 环境的界面

(2) Jupyter Notebook

Jupyter Notebook 是一个开源的交互式笔记本环境,支持多种编程语言,包括 Python、R、Julia 等。其界面如图 1.17 所示。它被广泛用于数据分析、数据可视化、机器学习、科学计算等领域。以下是关于 Jupyter Notebook 的一些特点和优势:

交互式执行:Jupyter Notebook 提供了一个交互式的运行环境,用户可以在浏览器中编写和执行代码,并立即看到执行结果。这种交互式执行方式使得数据分析和实验变得非常便捷。

丰富的可视化:Jupyter Notebook 支持在笔记本中集成图表、图像、动画等丰富的可视化内容,用户可以通过 Matplotlib、Seaborn、Plotly 等库进行数据可视化,方便进行数据分析和展示。

方便的文档编写:Jupyter Notebook 支持 Markdown 和 LaTeX 格式的文本,用户可以在代码块之间编写文档、笔记、说明等内容,并插入数学公式、表格、图像等,便于撰写技术报告、学术论文等。

多种编程语言支持:除了 Python,Jupyter Notebook 还支持其他编程语言,如 R、Julia、Scala 等,用户可以在同一个笔记本环境中进行多种语言的交互式编程和数据分析。

易于分享和共享:Jupyter Notebook 可以保存为 ipynb 格式的文件,用户可以方便地分享给他人或在 GitHub、GitLab 等平台上共享。同时,Jupyter Notebook 支持导出为 HTML、PDF、Markdown 等格式,便于在不同平台上分享和展示。

强大的扩展性:Jupyter Notebook 的生态系统非常丰富,有大量的插件和扩展包供用户选择,用户可以根据需求扩展功能,如自动完成、代码补全、代码检查、版本控制等。

图 1.17　Jupyter Notebook 的界面

（3）VSCode

Visual Studio Code(VSCode)是由微软开发的一款免费开源的跨平台代码编辑器。它具有轻量级、高度可定制、丰富的扩展生态系统等特点，被广泛应用于软件开发领域。以下是关于 VSCode 的一些特点和优势：

跨平台支持：VSCode 可以在 Windows、macOS 和 Linux 等多个操作系统上运行，提供了一致的使用体验，适用于各种开发环境。

轻量级且快速启动：VSCode 是一个轻量级的代码编辑器，启动速度快，占用系统资源少，使得开发者能够快速地开始编写代码。

丰富的功能：VSCode 提供了丰富的功能，包括智能代码补全、语法高亮、代码导航、代码片段管理、内置终端等，可以提高开发效率。

强大的调试功能：VSCode 集成了调试器，支持多种编程语言的调试，可以方便地进行代码调试和错误排查。

丰富的扩展生态系统：VSCode 拥有丰富的扩展生态系统，用户可以根据自己的需求安装各种插件，扩展编辑器的功能，如支持其他编程语言、版本控制、代码格式化等。

Git 版本控制集成：VSCode 内置了 Git 版本控制工具，用户可以方便地进行代码版本管理、提交和同步。

智能提示和代码补全：VSCode 提供了智能代码提示和自动补全功能，用户可以根据上下文自动提示变量、函数、方法等，提高了编码效率。

可定制性强：VSCode 允许用户根据自己的喜好和需求定制编辑器的外观，包括主题、键盘快捷键、布局等。

VSCode 的界面如图 1.18 所示，包括编辑器组、主侧边栏、状态栏、活动栏以及面板等。

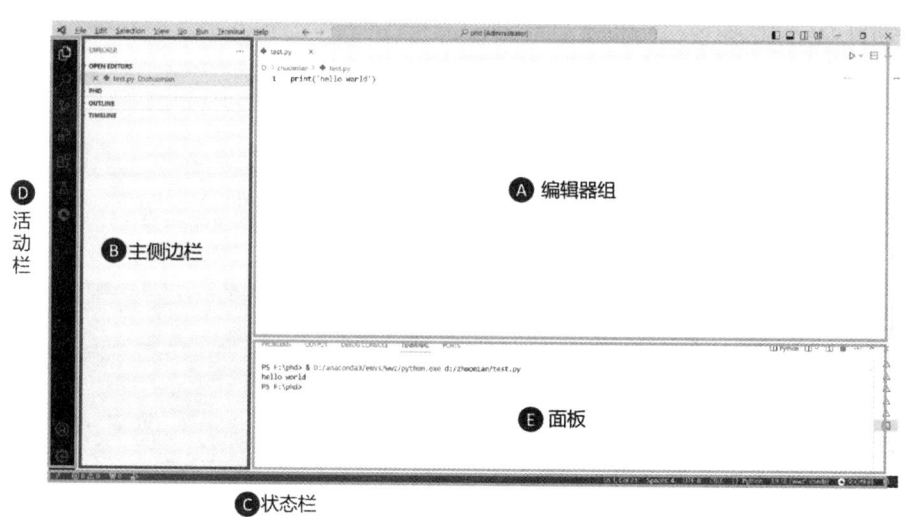

图 1.18　VSCode 的界面

(4) Spyder

Spyder(Scientific Python Development Environment)是一个专门用于科学计算和数据分析的 Python 集成开发环境(IDE)。它旨在为科学家、工程师和数据分析师提供一个功能丰富、易于使用的编程工具,以满足他们在数据处理、模型开发、可视化等方面的需求。其界面如图 1.19 所示。以下是关于 Spyder 的一些特点和优势:

集成科学计算库:Spyder 集成了许多常用的科学计算库,如 NumPy、SciPy、Matplotlib、Pandas 等,使得用户可以方便地进行数据处理、统计分析、数值计算、可视化等任务。

提供交互式控制台:Spyder 提供了一个交互式的 Python 控制台,类似于 IPython 控制台,用户可以在其中实时执行 Python 代码,并查看结果。这使得数据分析、实验和调试变得非常方便。

提供代码编辑器:Spyder 提供了一个功能强大的代码编辑器,具有语法高亮、自动缩进、代码折叠、代码补全等功能,可以提高编码效率。

提供变量查看器:Spyder 的变量查看器可以显示当前代码中定义的所有变量,并提供详细的变量信息,如类型、值、形状等,帮助用户了解数据结构和内容。

提供可视化工具:Spyder 集成了 Matplotlib 等可视化库,提供了丰富的绘图功能,用户可以在 Spyder 中直接绘制各种图表、图形和图像。

集成调试器:Spyder 提供了集成的调试器,用户可以在 Spyder 中设置断点、单步调试、查看变量值等,方便进行代码调试和错误排查。

内置帮助文档:Spyder 提供了内置的帮助文档和代码提示功能,用户可以方便地查阅 Python 标准库和第三方库的文档,并获取代码提示和建议。

支持扩展:Spyder 支持用户通过安装插件来扩展功能,用户可以根据自己的需求安装各种插件,从而增强 Spyder 的性能。

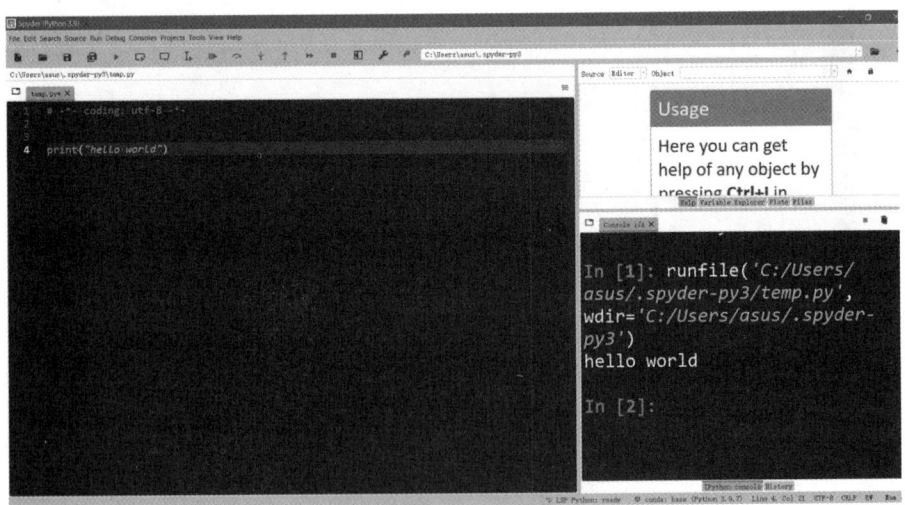

图 1.19 Spyder 的界面

(5) Sublime Text

Sublime Text 是一款流行的文本编辑器,广泛用于编程和文本处理。它被设计为一个轻量级、快速、高度可定制的编辑器,具有许多强大的功能和扩展性。其界面如图 1.20 所示。以下是关于 Sublime Text 的一些特点和优势:

跨平台支持:Sublime Text 可以在 Windows、macOS 和 Linux 等多个操作系统上运行,提供了一致的用户体验。

轻量级和快速:Sublime Text 是一个轻量级的编辑器,启动速度快,占用系统资源少,用户能够快速打开和处理大型文件。

丰富的功能:Sublime Text 提供了丰富的功能,包括语法高亮、自动完成、多光标编辑、代码折叠、多窗口支持等,可以提高用户的编程效率。

多种编程语言支持:Sublime Text 支持多种编程语言,包括 Python、JavaScript、HTML/CSS、Java、C++ 等,可以满足不同编程需求。

强大的插件生态系统:Sublime Text 具有强大的插件生态系统,用户可以通过安装插件来扩展编辑器的功能,满足个性化的需求,如语法检查、版本控制、代码片段等。

多种主题和配色方案:Sublime Text 提供了多种主题和配色方案,用户可以根据自己的喜好选择合适的外观和风格。

快捷键和命令面板:Sublime Text 支持丰富的快捷键和命令面板,用户可以快速执行各种操作,如搜索、替换、跳转等,提高了编辑效率。

自定义配置:Sublime Text 允许用户自定义配置文件,包括设置、快捷键绑定、主题等,用户可以根据个人喜好和工作习惯进行定制。

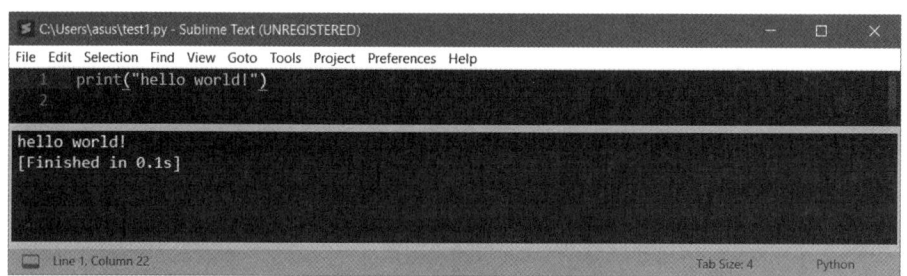

图 1.20 Sublime Text 的界面

(6) PyCharm

PyCharm 是由 JetBrains 公司开发的一款专业的 Python 集成开发环境(IDE),旨在提高开发者的生产力和效率。其界面如图 1.21 所示。以下是关于 PyCharm 的一些特点和优势:

丰富的功能:PyCharm 提供了丰富的功能,包括代码编辑、调试、代码分析、版本控制、测试、代码重构等,提供了开发 Python 应用程序所需的各种工具和功能。

智能代码编辑:PyCharm 提供了智能的代码编辑功能,包括语法高亮、代码补全、代码导航、自动缩进等,帮助用户提高编程效率。

强大的调试器:PyCharm 集成了强大的调试器,支持在代码中设置断点、单步执行、变量监视等调试功能,帮助用户快速定位和解决问题。

版本控制集成:PyCharm 支持与版本控制系统(如 Git、SVN 等)集成,提供了方便的版本控制功能,用户可以进行代码提交、查看历史记录、分支管理等操作。

内置的开发工具:PyCharm 内置了许多开发工具,如数据库客户端、终端、任务管理器、集成 Python 解释器等,方便用户进行开发和调试。

丰富的插件生态系统:PyCharm 支持丰富的插件生态系统,用户可以根据需要安装各种插件来扩展 PyCharm 的功能,满足个性化的需求。

多个版本:PyCharm 提供了多个版本,包括免费的社区版和收费的专业版。社区版适用于个人开发者和小型团队,专业版则提供了更多高级功能和工具,适用于大型项目和企业开发。

跨平台支持:PyCharm 可以在 Windows、macOS 和 Linux 等多个操作系统上运行,提供了一致的使用体验。

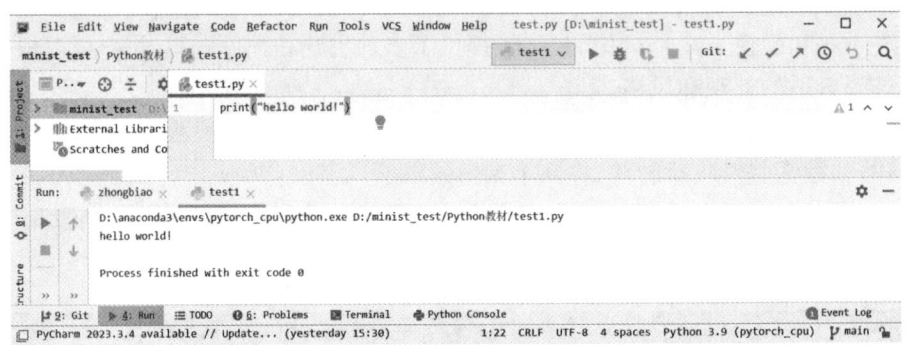

图 1.21 PyCharm 的界面

本书使用 PyCharm 进行 Python 各个项目的管理、编码与调试。所使用的版本为 Pycharm 社区版。PyCharm 使用前需要设置 Python 的解释器,新建项目时指定解释器的步骤如图 1.22 和图 1.23 所示。首先,打开文件(File),在文件菜单的下拉列表选项中选择新建项目(New Project...),打开新建项目界面;然后,根据图中提示,先设置项目存放路径;之后,选择已有的解释器(Existing interpreter),设置已安装的解释器;若下拉列表中没有显示已安装的解释器,则通过后面的三个点按钮手动找到路径或添加解释器;最后,添加解释器时选择系统解释器(System Interpreter)选项,之后选择或指定已安装解释器的路径。

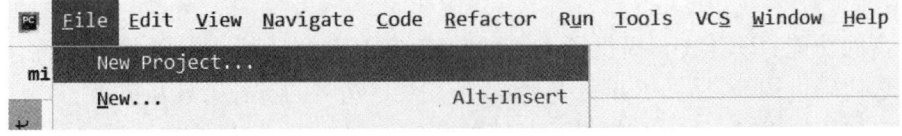

图 1.22 新建项目入口

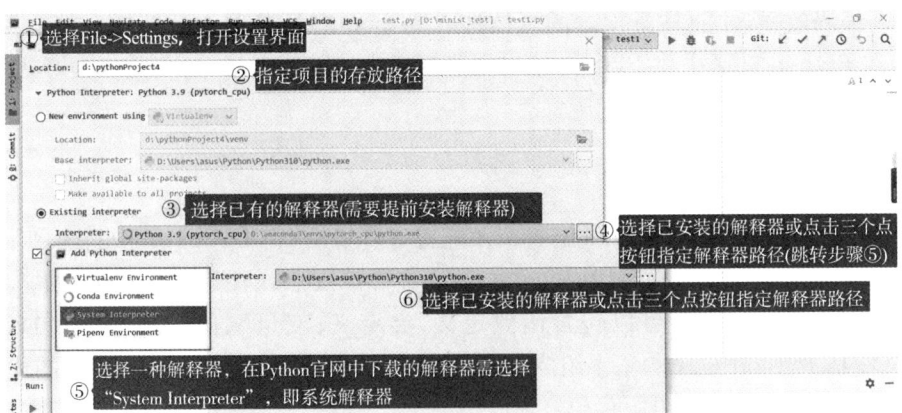

图 1.23　PyCharm 新建项目 Python 解释器的设置

已有项目设置解释器的步骤如图 1.24 所示。找到 PyCharm 界面菜单栏中的文件（File），找到文件下拉菜单列表中的设置（Settings），在弹出的设置界面中找到左侧边栏中的项目（Project）按钮，解释器的设置与上一步相同。

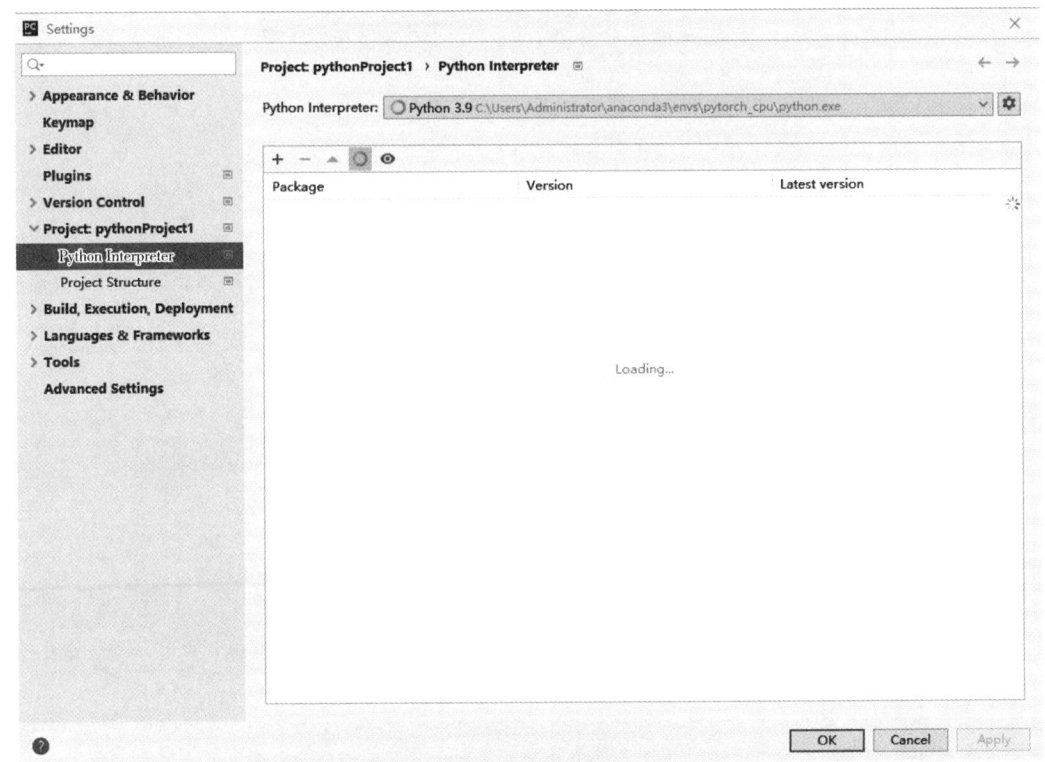

图 1.24　已有项目的解释器设置

Python 的代码规范很重要,编程语言是非常严谨的语言形式,掌握良好的代码规范才能提高编码效率,才能具备很好的可读性。Python 的开发者之一蒂姆·彼得斯(Tim Peters)在 Python 社区中将 Python 编码规范概括为一段英文诗,并将其作为彩蛋收录在 Python 官方文档中,如何找到它呢?

1.1.3 任务实施

按照上文中安装好的 Python 解释器及配置好环境后,在 PyCharm 中新建一个". py"文件。". py"文件是 Python 源代码文件的标准文件扩展名。在这种文件中,通常包含了 Python 编程语言的代码,可以包含函数定义、类定义、变量赋值、控制流语句等内容。". py"文件是 Python 程序的基本组成部分,可以通过 Python 解释器执行其中的代码。

在新建的文件中写入以下代码:

```
import this
```

在界面右侧选择要运行的文件,点击运行按钮或直接在要运行的文件编辑器中右键单击运行即可运行该代码,其步骤如图 1.25 所示。

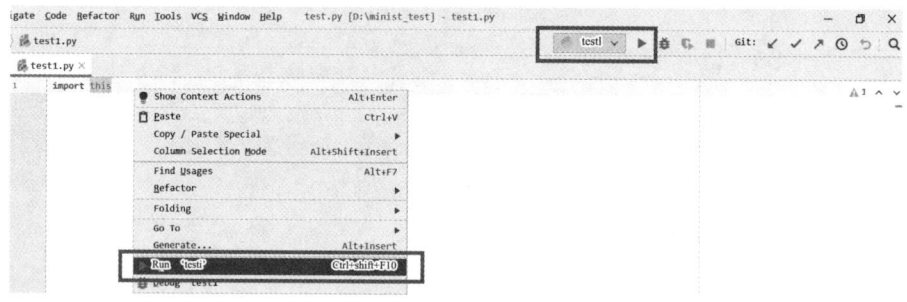

图 1.25 代码的运行

运行结果如下所示:

```
The Zen of Python, by Tim Peters

Beautiful is better than ugly.
Explicit is better than implicit.
Simple is better than complex.
Complex is better than complicated.
Flat is better than nested.
Sparse is better than dense.
Readability counts.
Special cases aren't special enough to break the rules.
Although practicality beats purity.
```

Errors should never pass silently.
Unless explicitly silenced.
In the face of ambiguity, refuse the temptation to guess.
There should be one—and preferably only one—obvious way to do it.
Although that way may not be obvious at first unless you're Dutch.
Now is better than never.
Although never is often better than *right* now.
If the implementation is hard to explain, it's a bad idea.
If the implementation is easy to explain, it may be a good idea.
Namespaces are one honking great idea—let's do more of those!

"The Zen of Python"是Python的设计哲学,由蒂姆·彼得斯(Tim Peters)在Python社区中提出,并被收录在Python官方文档中。下面是某版本的中文翻译:

The Zen of Python,by Tim Peters

Beautiful is better than ugly.
简洁胜于烦琐。
Explicit is better than implicit.
明确胜于隐晦。
Simple is better than complex.
简单胜于复杂。
Complex is better than complicated.
复杂胜于凌乱。
Flat is better than nested.
扁平胜于嵌套。
Sparse is better than dense.
间隔胜于紧凑。
Readability counts.
可读性很重要。
Special cases aren't special enough to break the rules.
特例不足以打破规则。
Although practicality beats purity.
尽管实用性胜过纯粹性。
Errors should never pass silently.
错误不应该被默默忽略,
Unless explicitly silenced.
除非明确地被消除。
In the face of ambiguity, refuse the temptation to guess.
面对模棱两可,拒绝猜测的诱惑。

There should be one—and preferably only one—obvious way to do it.
应该有一个——最好是只有一个——显而易见的方法来做一件事情。
Although that way may not be obvious at first unless you're Dutch.
尽管这种方式一开始可能不是那么显而易见,如果你努力了的话,你会找到它。
Now is better than never.
做比不做好。
Although never is often better than ＊right＊ now.
尽管做好有时比不做还要好,但不做胜过做不好。
If the implementation is hard to explain, it's a bad idea.
如果功能实现很难解释,那么这个想法是个坏主意。
If the implementation is easy to explain, it may be a good idea.
如果功能实现很容易解释,那么这个想法也许是个好主意。
Namespaces are one honking great idea—let's do more of those!
命名空间是一个很棒的主意,我们应该多加利用它们。

1.2 设计并打印名片

1.2.1 任务引入

通过任务 1,读者能够完成 Python 的基础环境设置,已经了解到创始人对 Python 的语法规范做的总结与概括。以此为基础,本任务使用 PyCharm 及基本语法完成个人名片的设计与打印。

1.2.2 知识储备

Python 是一门简单易学且功能强大的编程语言。它拥有高效的高级数据结构,并且能够用简单而又高效的方式进行面向对象的编程。Python 优雅的语法和动态类型,再结合它的解释性,使其在大多数平台的许多领域中成为编写脚本或开发应用程序的理想语言。

虽然 Python 易于使用,但它却是一门完整的编程语言;与 Shell 脚本或批处理文件相比,它为编写大型程序提供了更多的结构和支持。另外,Python 提供了比 C 语言更多的错误检查,并且作为一门高级语言,它内置支持高级的数据结构类型,例如灵活的数组和字典。

Python 允许将程序分割为不同的模块,以便在其他的 Python 程序中重用。Python 内置了大量的标准模块,读者可以将其用作程序的基础,或者作为学习 Python 编程的示例。这些模块提供了诸如文件 I/O、系统调用、Socket 支持,甚至类似 Tkinter 的图形用户界面(Graphical User Interface,GUI)工具包接口。

常用的一些基本语法规则如下:

(1) Python 注释

Python 中的注释是用来在代码中添加说明和解释的文本。单行注释用"#"开头。

```
# 第一个注释
print("你好,Python!")    # 第二个注释
```

输出结果:

你好,Python!

注释可以在语句或表达式行末:

```
name = "张三"  # 这里的内容是一个注释
```

Python 中多行注释使用三个单引号 ''' 或三个双引号 """。
例如:

```
'''
这是多行注释,使用单引号。
这是多行注释,使用单引号。
'''
```

```
"""
这是多行注释,使用双引号。
这是多行注释,使用双引号。
"""
```

(2) print() 函数输出

前文中进行安装测试时使用的 print() 是 Python 语言中最常见的语法函数。如在 PyCharm 的文件中输入以下代码:

```
print("你好,Python")
```

双引号括起来的是 Python 中常用的字符串类型,作为 print() 函数中的一个参数被打印输出。输出结果为:

你好,Python
(空行)

该 print() 函数将指定的内容打印到屏幕或其他标准输出设备。内容可以是字符串,也可以是任何其他对象,该对象在写入屏幕之前将被转换为字符串。

print()函数默认输出是换行的,在括号中更改其第二个参数 end 的值即可实现默认值更改。参数之间使用逗号隔开,如下面的代码,设置打印完成之后将默认的换行替换为逗号。

```
print("你好,Python", end = "\n")      # 默认情况换行符为"\n",end 参数可以省略
print("你好,Python", end = ",")       # 修改了 end 参数
```

该程序的输出结果为:

```
你好,Python
(空行)
你好,Python,                          #换行符替换成了逗号
```

可以看出在打印的字符串后多了一个逗号。

(3) 行和缩进

Python 与其他语言最大的区别就是,Python 的代码块不使用大括号"{}"来控制类、函数以及其他逻辑判断。Python 最具特色的就是用缩进来写模块。

缩进的空白数量是可变的,但是所有同级别代码块语句必须包含相同的缩进空白数量。

以下实例第二个 print() 与第一个级别相同,但缩进不同,会出现缩进错误。

```
#正确的缩进
print("你好")
#错误的缩进
    print("Python")
```

在 Python 的代码块中必须使用相同数目的行首缩进空格数。建议在每个缩进层次使用单个制表符或两个空格或四个空格,不要混用。

(4) Python 中的保留字

在 Python 中,标识符由字母、数字、下划线组成。所有标识符可以包括字母、数字以及下划线,但不能以数字开头。Python 中的标识符是区分大小写的。如以下代码中定义名片中姓名的变量,Name 和 name 不是一个变量。Python 建议使用"见名知意"的变量命名规则。

```
Name="张三"
name="李四"
print(Name)
print(name)
```

从代码运行的结果中可以看出 print() 函数对名称为 Name 的变量打印输出之后以

默认的换行符结尾,接着打印了名称为 name 的变量,同样是以换行符结尾。

张三
李四
(空行)

Python 可以同一行显示多条语句,如交互式环境下可以输入以下代码。两条语句通过分号隔开。

>>> print('hello');print('world');
hello
world
(空行)

表 1.2 显示了 Python 中的保留字。这些保留字不能用作常数或变数,或任何其他标识符名称。所有 Python 的保留字只包含小写字母。

表 1.2　Python 中的保留字

常见的保留字		
and	exec	not
assert	finally	or
break	for	pass
class	from	print
continue	global	raise
def	if	return
del	import	try
elif	in	while
else	is	with
except	lambda	yield

(5) 多行语句

Python 语句中一般将新行作为语句的结束符。

但是我们可以使用反斜杠"\"将一行的语句分为多行显示,如下所示:

total=item_one + \
　　　item_two + \
　　　item_three

语句中包含[]、{}或()等组合数据类型(见项目6)时就不需要使用多行连接符,如下实例:

```
days = ['Monday', 'Tuesday', 'Wednesday',
        'Thursday', 'Friday']
```

(6) Python 中的引号

Python 可以使用单引号、双引号、三引号来表示字符串,引号的开始与结束必须是相同的类型。

其中三引号可以由多行组成,编写多行文本的快捷语法,常用于文档字符串,在文件的特定地点,被当作注释。

```
word='word'
sentence="这是一个句子。"
paragraph="""这是一个段落。
包含了多个语句"""
```

(7) Python 中的空行

空行也是程序代码的一部分。函数之间或类的方法之间用空行分隔,表示一段新的代码的开始。类和函数入口之间也用一行空行分隔,以突出函数入口的开始。

空行与代码缩进不同,书写时不插入空行,Python 解释器的运行也不会出错。但是空行的作用在于分隔两段具有不同功能或含义的代码,以便于日后代码的维护或重构。

(8) Python 中的转义字符

Python 中的转义字符是一些特殊的字符序列,它们以反斜杠"\"开头,并用于表示一些特殊的字符或控制字符。下面是一些常见的 Python 中的转义字符及其含义:

\n:换行符,用于在字符串中表示换行。
\t:制表符,用于在字符串中表示水平制表。
\r:回车符,用于在字符串中表示回车。
\\:反斜杠,用于在字符串中表示反斜杠自身。
\':单引号,用于在字符串中表示单引号字符。
\":双引号,用于在字符串中表示双引号字符。

1.2.3 任务实施

利用上述这些基本规范可以设计个性化的名片。例如定义不同的变量对姓名、性别、学号、爱好、联系方式等进行个性化设计。注意注释、变量命名等的编码规范。

示例代码如下:

```
name = "姓名:\t\t张三"                              # 使用\t进行对齐
gender = "性别:\t\t男/女"
hobby = "爱好:\t\t阅读"
contact = "联系方式：\t123@qlit.edu.cn"
print("*********** 个人名片 ***********")          # 打印用于提高美感的简单符号
print(name)                                        # 打印个人信息
print(gender)
print(hobby)
print(contact)
print("********************************")
```

上述程序运行之后的效果如图 1.26 所示。

```
*********** 个人名片 ***********
姓名:           张三
性别:           男/女
爱好:           阅读
联系方式：      123@qlit.edu.cn
********************************
```

图 1.26　个人名片设计效果

▼ 项目总结

本项目包含了 Python 解释器的安装、PyCharm 的环境设置及交互式与文件式运行的方法，通过英文诗中的相关描述，读者可以学习常用的 Python 基本语法规范，通过个人名片的设计与打印进一步对 Python 语言有整体的认识。

▼ 项目扩展

ANSI 转义序列是一种特殊的文本序列，用于控制文本终端的显示效果，如颜色、样式、光标位置等。在 Python 中，可以使用 ANSI 转义序列增强 print() 函数输出的可视化效果。下面是一些常用的 ANSI 转义序列及其效果：

1. 颜色

\033[30 m 到 \033[37 m：设置前景色为黑色到白色。

\033[90 m 到 \033[97 m：设置前景色为深灰到亮灰。

\033[40 m 到 \033[47 m：设置背景色为黑色到白色。

\033[100 m 到 \033[107 m：设置背景色为深灰到亮灰。

```
# 设置红色文本
print("\033[31m 红色字体\033[0m")
# 设置红色背景
print("\033[41m 黑色字体红色背景\033[0m")
# 设置亮蓝色文本和白色背景,并加粗
print("\033[1;34;47m 高亮蓝色字体白色背景\033[0m")
```

程序运行效果如图 1.27 所示。

图 1.27　print 的颜色设置效果

2. 样式

\033[0 m:重置样式(包括颜色和样式)。

\033[1 m:粗体(高亮)。

\033[2 m:模糊(不受所有终端支持)。

\033[3 m:斜体(不受所有终端支持)。

\033[4 m:下划线。

\033[5 m:闪烁(不受所有终端支持)。

\033[7 m:反转文本(前景色变成背景色,背景色变成前景色)。

\033[8 m:隐藏文本(不可见,但占据空间)。

```
# 重置样式,确保后续文本不受影响
print("\033[0 m")
# 设置粗体文本
print("\033[1 m 粗体\033[0 m")
# 设置下划线文本
print("\033[4 m 下划线文本\033[0 m")
# 设置反转文本(前景色变成背景色,背景色变成前景色)
print("\033[7 m 反转文本\033[0 m")
```

程序运行效果如图 1.28 所示。

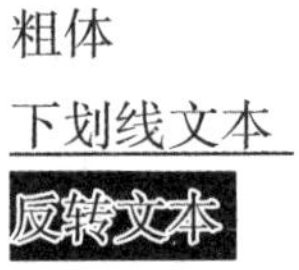

图 1.28　print 的样式设置效果

拓展阅读

1962年,发往金星的水手1号探测器在发射约5分钟后偏离了预定轨道。经检查发现该探测器存在两个故障,一个是探测器制导天线的硬件故障,另一个是板载制导系统的软件故障。其中,软件中的引导系统出现了极难发现的程序漏洞(bug),一个程序员将某个公式转换成计算机代码时出现错误,其漏了一个下标。这个下标原本是半径R的第N次平滑时间导数值,由于缺少数据光滑化处理功能,制导系统把正常速度当成错误处理,造成修正不精确,最终探测器偏离航向。该事故因程序编码不规范导致直接经济损失1 900万美元。

图1.29 不易察觉的漏洞

如图1.29所示,虽然程序编码过程非常严谨,但有时漏洞不易被察觉,尤其是一些编码规范上的漏洞极易被人忽视,特殊情况会引起极大灾难。掌握良好的编码规范是学习编程技术的重要步骤,读者需要在语法学习过程中逐渐掌握Python中的缩进标准、变量命名规范、注释规范、代码优化规范、文件管理规范等。

练习

一、单项选择题

1. 以下关于注释的说法哪个是错误的选项?
   A. 注释不影响程序的运行
   B. 单行注释可以使用 #
   C. 多行注释可以使用 /* 多行注释 */
   D. 多行注释可以使用三单引号

2. 以下关于变量命名的方式哪个是错误的选项?
   A. name   B. Name   C. _name   D. 1name

3. 以下哪个选项代表程序的输出?

   name = "张三"
   print(name, end="|")

   A. 张三\n   B. 张三 \n   C. 张三| D. 张三 |

二、编程题

使用安装好的Python,打印自己的学生证。

项目 2　时代担当——年龄计算器设计

本项目主要使用 Python 软件进行基本操作,学习 Python 基本语法、基本类型、输入输出以及库的引用等知识。本项目共包括 3 个任务:任务 1 年龄存储与计算、任务 2 年龄的自动存储与规范输出、任务 3 时间的自动获取。完成任务之后,有一个项目拓展:年龄计算器可视化设计,对知识进行延伸。本项目的学习对于课程后面项目的学习起到基础作用。

学习目标

1. 知识目标

理解 Python 的基本语法;

学会正确使用 Python 的基本类型;

学会设计变量表达式,学会正确使用算术运算符,能够进行基本的输入与输出。

2. 能力目标

能够根据不同的设计要求在 Python 界面中完成程序的设计;

学会使用 time 库和 Tkinter 库。

3. 素质(思政)目标

通过年龄计算机的设计,勇担时代责任,为建设中国式现代化贡献智慧和力量;

通过学习中国清华简《算表》和中国超算中心,增强"四个自信"。

学习重难点

1. 学习重点

Python 基本类型、变量表达式、字符串的使用,输入与输出,库的引用。

2. 学习难点

time 库和 Tkinter 库的使用、字符串的格式化。

案例

千禧危机的启示——时间的可怕力量

2000 年 1 月 1 日,新世纪钟声敲响,我们迎来了一个新的世纪,迎来了真正意义上的新千年。可就在大家静静地聆听新年钟声的时刻,人们几乎已经遗忘了的千年虫竟然悄悄来了。千年虫,又叫作"计算机 2000 年问题""电脑千禧年千年虫问题"或"千年危机"。其缩写为"Y2K",是指在某些使用了计算机程序的智能系统(包括计算机系统、自动控制芯片等)中,由于其中的年份只使用两位十进制数来表示,因此当系统进行(或涉及到)跨世纪的日期处理运算时(如多个日期之间的计算或比较等),就会出现错误的结果,进而引发各种各样的系统功能紊乱甚至崩溃。因此从根本上说千年虫是一种程序处理日期上的计算机程序故障。千年虫有可能导致以下事件发生:

(1) 到了 2000 年,银行里面的电脑可能将 2000 年误判为 1900 年,引起利息计算上的混乱,甚至自动将所有的记录消除;自动取款机会拒收"00"年的提款卡。

(2) 保险公司可能会将每份保险的年限算错。

(3) 你在 1999 年 12 月 31 日 23:59 打了三分钟的电话,电话局的账单却可能显示为(-100 年+3 分钟)。

(4) 医疗仪器如救生系统或监视系统可能死机导致患者生命危急以及血库管理、医嘱系统与病历、器材管理全部无法正常运作。

(5) 由于控制雷达的电脑失灵,空中管制完全瘫痪,班机停飞。

但最终,在 2000 年该问题引起社会广泛重视,最终在规模庞大的修复行动后,它没有在新千年到来之际引起全球计算机系统的大规模瘫痪。Python 语言封装了可以处理时间的标准库,在一些时间引用、计算、换算上可以使用 Python 实现快速处理。

项目引入

习近平总书记在党的二十大报告中指出:"广大青年要坚定不移听党话、跟党走,怀抱梦想又脚踏实地,敢想敢为又善作善成,立志做有理想、敢担当、能吃苦、肯奋斗的新时代好青年,让青春在全面建设社会主义现代化国家的火热实践中绽放绚丽之花。"习近平总书记将青年工作放在党和国家发展的战略高度去考量,把青年视作民族复兴中不可或缺的先锋力量,不断激励广大青年担当起党和人民赋予的历史重任。高校学生生逢盛世、肩负重任,要勇担建设中国式现代化的使命,不断学习新的最新科学技术,努力为实现中华民族伟大复兴的中国梦贡献智慧和力量。

Python 是一种通用的编程语言,适用于各种不同领域的应用,包括软件开发、数据科学、人工智能、网络编程等。Python 具有高效的开发速度,语法简洁,代码量少,能够快速实现各种功能,并且可以通过模块化、面向对象等编程方法提高代码的复用性和可维护性。Python 在编程语言中的地位得到了越来越多的认可和应用,成为一种非常流行和受欢迎的编程语言。本项目从一个简单的年龄计算器的项目开始 Python 编程之旅。为实现自动计算当前月份下用户的年龄,请设计一个小程序,要求能够实现输入出生年、月以及现在的年、月计算用户年龄。

项目分析

本项目需要完成以下 3 个任务:

任务 1 年龄存储与计算;

任务 2 年龄的自动存储与规范输出;

任务 3 时间的自动获取。

本项目涉及的知识点如图 2.1 所示。

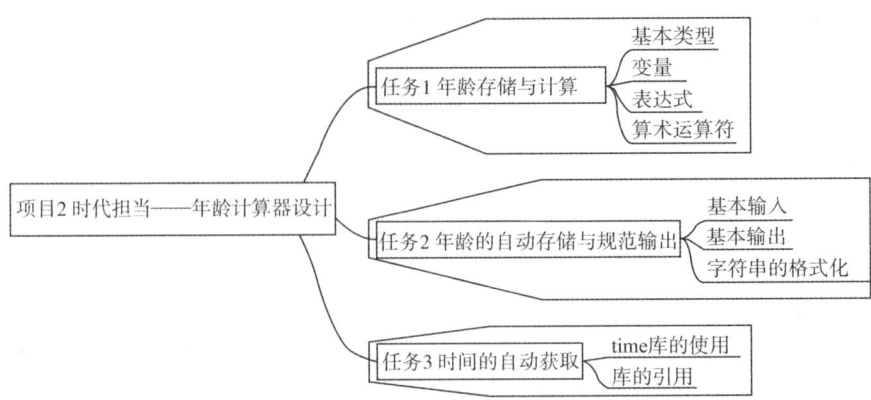

图 2.1　年龄计算器项目的知识架构图

2.1　年龄存储与计算

2.1.1　任务引入

假定现在是 2024 年 1 月 27 日,张三的出生年月日为 2005 年 3 月 13 日,请使用 Python 编写程序,输出"您的年龄为:18 岁"。

2.1.2　知识储备

1. Python 基本类型

在 Python 中,基本类型包括整数(int)、浮点数(float)、字符串(str)、布尔值(bool)等。

(1) 整数(int)

在 Python 中,"int"是一种表示整数的数据类型。整数是 Python 中基本的数字类型之一,它们在编程中经常用于表示计数、索引、循环次数等。

可以参考以下代码定义整数变量:

```
x=5                    # 正整数
y=-10                  # 负整数
```

Python 支持常见的数学运算,语法与一般的数学计算类似。

可以对整数进行常见的数学运算,例如加法、减法、乘法和除法,参考代码如下:

```
a=5
b=3
sum_result=a + b              # 加法
```

```
diff_result=a - b              # 减法
product_result=a * b           # 乘法
quotient_result=a / b          # 除法
```

除以上简单的加减乘除之外,还有一些其他的整数运算的特性,如模运算等。

其中,整数相除结果总是浮点数,即使结果是整数。

另外,整数除法运算符"//"返回除法的整数部分。

取余运算符"%"返回除法的余数。

```
result_float=7 / 3             # 结果是浮点数 2.333...
result_integer=7 // 3          # 结果是整数 2
remainder=7 % 3                # 余数是 1
```

Python 中的整数范围理论上不受限制,只要内存允许,整数可以无限大,但在实际应用中,Python 会缓存小整数(通常为-5~256),这些缓存的整数被称为常量池。这种优化简化了内存使用,提高了性能。相比之下,某些其他编程语言的整数范围是有限的。

Python 支持数字的进制表示,与其他语言类似,Python 使用一些特殊符号来表示不同的进制,如下边的代码所示,Python 支持二进制、八进制、十进制和十六进制的整数表示:

```
binary_number=0b1010           # 二进制表示,结果是十进制的 10
octal_number=0o12              # 八进制表示,结果是十进制的 10
hexadecimal_number=0xA         # 十六进制表示,结果是十进制的 10
```

(2)浮点数(float)

在 Python 中,"float"是一种表示实数的数据类型。浮点数可以用小数点来表示,也可以用科学记数法来表示,例如 $1.23e^{-4}$ 表示 1.23 乘以 10 的负 4 次方。

定义浮点数变量的代码如下所示:

```
x=3.14
y=-0.25
```

浮点数类型可以进行常见的数学运算,包括加法、减法、乘法和除法。Python 支持浮点数的基本运算规则,如下代码所示:

```
a=2.5
b=1.2
sum_result=a + b               # 加法
diff_result=a - b              # 减法
product_result=a * b           # 乘法
quotient_result=a / b          # 除法
```

浮点数运算的注意事项：浮点数运算可能涉及舍入误差，因为计算机内部表示浮点数的方式是有限的。小数点后的位数可能不精确，因此在比较浮点数是否相等时应该使用误差范围。

```
result=0.1 + 0.2                    # 结果不是精确的 0.3,而是一个近似值
```

与整数类型不同，浮点数范围有一定的限制。浮点数可以表示很大或很小的数，但受到计算机表示方式的限制。在处理极大或极小的数时，可能会遇到精度问题。

整数与浮点数之间可以进行类型转换，遵循向下取整规则，浮点数可以通过int()函数转换为整数，但会丢失小数部分。

```
float_number=3.14
int_number=int(float_number)        # 结果是 3,小数部分被舍弃
```

其他数学函数：

Python 中的 math 库提供了许多数学函数，例如 math.sqrt()、math.sin()、math.cos()等，这些函数返回的结果通常是浮点数。

```
import math
square_root_result=math.sqrt(9)     # 结果是浮点数 3.0
```

浮点数在编程中广泛用于表示实际测量、科学计算、金融数据等需要更高精度的场景。在使用浮点数进行计算时，应当注意处理舍入误差和精度问题。

（3）字符串(str)

在 Python 中，"str"是一种表示文本数据的数据类型。字符串在编程中广泛用于文本处理、用户界面、文件操作等各种场景。了解字符串的基本操作和方法是编写 Python 程序的重要一步。

如下代码所示，可以直接通过赋值的方式定义字符串变量：

```
text="Hello, World!"
```

字符串可以使用单引号或双引号括起来。还可以使用三重单引号或三重双引号来表示多行字符串。

```
multi_line_text="""This is a
multi-line
string."""
```

字符串有一些基本操作，在实际应用中较为常见。值得一提的是，字符串之间支持相加来进行拼接，字符串可以通过"＋"运算符来进行拼接，示例代码如下：

```
str1="Hello"
str2="World"
result=str1 + "," + str2          # 字符串拼接
```

字符串还可以使用"*"符号进行复制,但只有在乘以整数时才能实现字符串复制,示例代码如下:

```
original_str="abc"
repeated_str=original_str * 3     # 结果是 "abcabcabc"
```

(4) 布尔(bool)类型

在 Python 中,"bool"是一种表示逻辑真假的数据类型。布尔值只有两个取值,即 True 和 False。布尔值在编程中是非常重要的,它们用于表示条件和逻辑运算的结果。通过熟悉布尔值的基本操作,可以更好地理解和编写控制程序流程的代码。

可以通过 True 或 False 的赋值定义布尔变量,示例代码如下:

```
is_true=True
is_false=False
```

布尔类型可被用于进行布尔运算,Python 提供了一些布尔运算符,用于对布尔值进行逻辑运算。主要的布尔运算符有:

and:逻辑与,两个条件都为 True 时结果为 True。
or:逻辑或,两个条件至少一个为 True 时结果为 True。
not:逻辑非,对布尔值取反。

```
x=True
y=False
result_and=x and y                # 结果为 False
result_or=x or y                  # 结果为 True
result_not=not x                  # 结果为 False
```

比较运算符的结果可以产生布尔类型,常用于逻辑判断,用于 Python 结构模块的实现。

比较运算符包括:

==:等于,检查两个值是否相等。
!=:不等于,检查两个值是否不相等。
<、>、<=、>=:比较大小关系。

```
a=5
b=10
is_equal=(a == b)          # 结果为 False
is_not_equal=(a != b)      # 结果为 True
```

其他 Python 类型可以转换为布尔类型,布尔类型的标识符为 bool,可以通过强制类型转换如可以使用 bool()函数将其他数据类型转换为布尔类型。通常,以下情况下布尔值为 False:

数值 0 或 0.0。
空字符串:''。
空列表[ ]、空元组( )、空字典{ }。
None。
对应的代码示例如下所示:

```
num=0
empty_str=''
non_empty_str='Hello'
bool_num=bool(num)                    # 结果为 False
bool_empty_str=bool(empty_str)        # 结果为 False
result= bool(non_empty_str)           # 结果为 True
```

正如前文所述,布尔类型可以进行逻辑判断,除控制结构之外,布尔类型常常用于条件语句和循环等。例如:

```
is_sunny=True
if is_sunny:
    print("It's a sunny day!")
else:
    print("It's not sunny. ")
```

在条件语句中,表达式的值为 True 时执行 if 语句块,否则执行 else 语句块。

2. 变量与表达式

(1)变量的基本语法

在 Python 中,变量是用来存储数据的标识符。你可以把变量看作是一个指向内存中存储数据的引用,就像一个指向盒子的标签,而实际的数据存储在内存的某个位置。创建变量并为其赋值的基本语法如下:

```
variable_name=value
```

其中,variable_name 是变量的名称,value 是存储在变量中的值。例如:

```
age=25                    # 创建一个整数变量
name="小明"               # 创建一个字符串变量
height=1.75               # 创建一个浮点数变量
is_student=True           # 创建一个布尔变量
```

在上述例子中,age 存储整数值 25,name 存储字符串"小明",height 存储浮点数 1.75,is_student 存储布尔值 True。

变量的值可以随时更改,例如:

```
age=25
print(age)                # 输出 25
age=30
print(age)                # 输出 30
```

在上面的案例中,age 的值从 25 更改为 30。

Python 是一种动态类型语言,这意味着不需要显式声明变量的类型。变量的类型会根据为其分配的值而自动确定。

(2) 变量的输出

print( )函数经常用来输出变量:

```
x="Python is awesome"
print(x)
```

在 print( )函数中,输出多个变量,用逗号分隔:

```
x="Python"
y="is"
z="awesome"
print(x, y, z)
```

还可以使用运算符"+"输出多个变量:

```
x="Python "
y="is "
z="awesome"
print(x + y + z)
```

对于数字,该运算符"+"可充当数学运算符:

```
x=5
y=10
print(x + y)
```

在 print( )函数中,当用运算符"+"组合字符串和数字时,Python 会给出错误:

```
x=5
y="John"
print(x + y)
```

在函数中输出多个变量的最佳方式是在 print( )函数中用逗号分隔,甚至 print( )函数支持不同的数据类型:

```
x=5
y="John"
print(x, y)
```

(3) 表达式

在 Python 中,表达式是由操作数和运算符组成的组合,用于计算并产生一个值。表达式的值可以是数字、字符串、布尔值等。

算术表达式包含基本的算术运算。

```
result=5 + 3 * 2                    # 结果为 11
```

比较表达式用于比较两个值。

```
compared_result=1 > 2               # 结果为 False
```

逻辑表达式用于进行逻辑运算,如与、或、非等,Python 支持运算符"and""or""not"的使用,其语法与自然语言较为接近。

```
logical_result=(True and False)     # 结果为 False
```

成员运算符用于检查某个值是否属于某个序列(例如列表或字符串),其语法为使用运算符"in"或"not in"来查询某个值是否在序列的元素中,运算结果为 True 或 False,其语法与自然语言较为接近。

```
in_sequence=(3 in [1, 2, 3, 4])     # 结果为 True
```

赋值表达式用于给变量赋值,这也是大部分编程语言最常见的表达式。

```
x=10
```

函数调用表达式用于调用函数并获取返回值,如下面的示例代码中。len( )为字符串中获取字符串长度的函数,可以通过调用来计算给定字符串的长度值,函数的具体细节内容见项目 4。

```
length=len("Hello")                    # 获取字符串长度，结果为5
```

列表推导式是 Python 中较为重要的语法特性，是创建列表的一种快捷方式，其语法与自然语言较为接近，理解起来较为容易。列表具体细节见项目 6。

```
squares=[x**2 for x in range(5)]        # 生成包含 0~4 的平方的列表
```

这些表达式可以根据具体的需求进行组合和嵌套，用于表达复杂的逻辑关系。表达式的值可以用于赋值、输出或其他程序中需要使用值的地方。

3. 算术运算符

算术运算符与数值一起使用来进行常见的数学运算。常见的算术运算符如表 2.1 所示。

表 2.1　Python 中的运算符

运算符	描述
+	加
-	减
*	乘
/	除
//	取整数——返回商的整数部分
%	取余——返回除法的余数
**	幂——返回 x 的 y 次方

（1）加法运算符

加法运算符"+"可以将两个数相加。

```
result=5+3                            # 结果为 8
```

（2）减法运算符

减法运算符"-"可以实现左边的操作数减去右边的操作数。

```
result=7-2                            # 结果为 5
```

（3）乘法运算符

乘法运算符"*"可以实现将两个数相乘。

```
result=4*6                            # 结果为 24
```

（4）除法运算符

除法运算符"/"可以实现左边的操作数除以右边的操作数，得到浮点数结果。

```
result=8 / 2                    # 结果为 4.0
```

(5) 整除运算符

整除运算符"//"可以实现左边的操作数除以右边的操作数,得到整数结果。

```
result=8 // 3                   # 结果为 2
```

(6) 取余运算符

取余运算符"％"可以实现返回左边的操作数除以右边的操作数的余数。

```
result=8 % 3                    # 结果为 2
```

(7) 幂运算符

幂运算符"**"可以实现计算其左侧数的右侧数次方。

```
result=(1+0.01)**365            # 结果为 37.78343433288728
result=(1-0.01)**365            # 结果为 0.025517964452291125
```

从上述程序的运算结果可以看出努力与不努力的鲜明对比:

每天进步1％,一年后进步38倍(3800％);但是每天懈怠1％,一年后就只剩2％了。业精于勤荒于嬉,应不负韶华、不负时代、自律好强,养成每天多学、多练习一点的主动学习习惯!

2.1.3 任务实施

可以运用变量定义、运算符与表达式的知识完成本任务,示例代码如下所示:

```
# 输入出生日期
birth_year=int(2005)
birth_month=int(3)
birth_day=int(13)
# 获取当前日期
current_year=2024                # 假设当前年份为2024年
current_month=1                  # 假设当前月份为1月
current_day=27                   # 假设当前日期为27日
# 计算年龄
age_year=current_year-birth_year
age_month=(current_month-birth_month)
float_month=age_month/12
#打印输出
print("您的年龄为:",age_year+float_month,"岁")
```

运行结果:

您的年龄为:19.833333333333332 岁

在以上代码中,按照变量名命名规范,不能用内置关键字或与现有程序中重名的变量来命名,比如不能将变量命名为"float",因为"float"是关键字。

2.2 年龄的自动存储与规范输出

2.2.1 任务引入

任务1介绍了年龄的存储与计算,但是如何实现年龄的自动存储与规范输出呢?怎样自动选择某一时间节点进行年龄计算呢?请设计Python程序,使得不同的人员输入自己出生的年、月、日后,能够输出截至2024年1月27日的年龄。

2.2.2 知识储备

1. 基本输入与输出

在Python中,可以使用内置函数input( )实现从标准输入设备如键盘等中读取字符串,以及使用print( )函数将信息输出到标准输出设备如显示器等中。

```
# 输入示例
name=input("请输入您的名字:")
print(f"欢迎,{name}!")
# 输出示例
age=25
print(f"我的年龄是{age}岁。")
```

在这个例子中,input( )函数用于接收用户的输入,并将输入的文本作为字符串返回。print( )函数用于输出信息到控制台。字符串格式化使用的是f-string(格式化字符串字面值),它是Python 3.6及以上版本中的一个特性,具体内容可以参考下文"字符串的格式化"中的知识点。

input( )是Python中用于接收用户输入的函数。它允许程序暂停执行,等待用户输入一些内容,并将用户输入的内容作为字符串返回。

```
# 获取用户输入的内容
user_input=input("请输入一些内容:")
# 打印用户输入
print("你输入的内容是:", user_input)
```

在上面的例子中，input("请输入一些内容：")中的字符串"请输入一些内容："是作为提示信息显示给用户的。用户输入的内容将被存储在变量 user_input 中，然后通过 print()函数打印出来。

请注意，input()函数始终返回字符串类型的数据。如果需要将输入的内容转换为其他类型(如整数或浮点数)，那么需要使用相应的类型转换函数，例如 int() 或 float()。

```
# 获取用户输入的整数
user_input=input("请输入一个整数：")
user_integer=int(user_input)
# 打印用户输入的整数
print("你输入的整数是：", user_integer)
```

这样，用户输入的内容将被解释为整数类型。

2. 字符串的格式化

(1) 字符串格式化

使用运算符"%"进行格式化：

```
name="小丽"
age=25
message="My name is %s and I am %d years old. " % (name, age)
print(message)        # 结果是：My name is 小丽 and I am 25 years old.
```

使用 format()函数进行格式化：

```
name="小明"
age=30
message="My name is {} and I am {} years old. ".format(name, age)
print(message)        # 结果是：My name is 小明 and I am 30 years old.
```

使用 f-string(Python 3.6 及以上版本)进行格式化：

```
name="小鹏"
age=35
message=f"My name is {name} and I am {age} years old. "
print(message)        # 结果是：My name is 小鹏 and I am 35 years old.
```

(2) 字符串方法

Python 中的字符串提供了许多内置方法，可用于执行各种操作，例如转换大小写、查找字符串、替换字符等。

```
original_text="hello world"
upper_case_text=original_text.upper()        # 转换为大写 'HELLO WORLD'
index_of_o=original_text.find('o')           # 查找第一个 'o' 的索引
replaced_text=original_text.replace('o','0') # 将 'o' 替换为 '0'
```

(3) 字符串长度

使用 len( )函数可以获取字符串的长度。

```
text="Python"
length=len(text)    # 结果是 6
```

2.2.3 任务实施

采用 input( )函数输入的方式完成该任务会实现用户对程序一定程度上的主动性控制,示例代码如下:

```
birth_month=int(input("请输入您的出生月份:"))
birth_day=int(input("请输入您的出生日期:"))
# 获取当前日期
current_year=2024          # 假设当前年份为 2024 年
current_month=1            # 假设当前月份为 1 月
current_day=27             # 假设当前日期为 27 日
# 计算年龄
age_year=current_year-birth_year+1
age_month=(current_month-birth_month)
float_month=age_month/12
# 打印输出
print("您的年龄为:",age_year+float_month,"岁")
```

运行结果如下:

```
请输入您的出生年份:2005
请输入您的出生月份:3
请输入您的出生日期:13
您的年龄为: 19.833333333333332 岁
```

上述程序中,使用了 int( )函数强制转换,实现了将输入的字符串类型的转换成了整数类型。

2.3 时间的自动获取

2.3.1 任务引入

通过任务 1、2 的实施,读者已经可以编写出年龄计算的相关程序,但是计算的年龄只能是截至某一时间节点的数值,怎么编写截至运行程序当前时间节点的程序呢?请学习下面的知识点,编写出截至运行程序当前时间节点时的年龄的计算程序,要求:分别实现查看当前年和所计算年龄的变量类型、单独打印输出所计算年龄中的年与月、按照"年龄是:xx 岁"的格式打印输出最终计算的年龄。

2.3.2 知识储备

1. 库的引用

在 Python 中,库是一组已经写好的代码,通过引用这些库,可以使用其中定义好的函数和类来完成各种任务。要引用一个库,可以使用 import 语句。

(1) 整个库的引用

```
import math
```

这就将整个 math 库引入了代码中。这时可以使用 math 库中定义的函数和常量,例如 math.sqrt( ) 或 math.pi。

(2) 别名的引入

有时为了方便,可以给库起一个短的别名,例如:

```
import numpy as np
```

这样就可以用"np"代替"numpy"。

(3) 库中的特定部分的引用

有时只需要引用库中的一部分功能。例如,只引用 sqrt:

```
from math import sqrt
```

这时可以直接使用 sqrt( ),而不需要使用 math.sqrt( )。

请注意,一般情况下,只需引用实际需要使用的库,这样可以减少程序的内存占用。

2. time 库的使用

Python 中内置了一些与时间处理相关的库,如 time、datatime 和 calendar 库,其中 time 库是 Python 中用于处理时间的标准库,是最基础的时间处理库。time 库可以实现计算机时间的表达、格式化输出等功能。

(1) time 库的引用

可以使用简单的 import 语句引用 time 库,示例代码如下:

import time

(2) time()

该函数的功能为返回当前时间的时间戳(自 1970 年 1 月 1 日午夜以来的秒数)。

```
import time
# 获取当前时间的时间戳(自 1970 年 1 月 1 日午夜以来的秒数)
current_time=time.time()
print("Current Time (Timestamp):", current_time)
```

(3) ctime([secs])

该函数的功能为将时间戳转换为可读的字符串形式。如果不提供时间戳,那么默认为当前时间。

```
import time
formatted_time=time.ctime()        # 将时间戳转换为可读的字符串形式,默认为当前时间
print("Formatted Time:", formatted_time)
```

(4) sleep([secs])

该函数的功能为暂停程序执行指定秒数。

```
import time
print("Start")
time.sleep(2)                      # 暂停 2 s
print("End")
```

(5) localtime([secs])

该函数的功能为将时间戳转换为本地时间的结构化时间(年、月、日等)。如果不提供时间戳,那么默认为当前时间。

```
import time
current_time=time.localtime()      # 获取当前的本地时间
print(current_time) # 打印结构化时间
```

(6) strftime(format, time_struct)

该函数的功能为格式化结构化时间为字符串。

```
import time
current_time=time.localtime()      # 获取当前本地时间
# 使用 strftime 格式化时间
formatted_time=time.strftime("%Y-%m-%d %H:%M:%S", current_time)
print(formatted_time)              # 打印格式化后的时间字符串
```

上述程序中,"%Y-%m-%d %H:%M:%S"中的格式说明符表示年、月、日、小时、分钟、秒的顺序。

(7) strptime(string, format)

该函数的功能为将字符串解析为结构化时间。

```
import time
# 定义时间字符串
time_string = "2022-01-27 12:30:00"
# 使用 strptime(string, format)解析时间字符串
parsed_time = time.strptime(time_string, "%Y-%m-%d %H:%M:%S")
# 打印解析后的结构化时间
print(parsed_time)
```

上述代码中,%Y 表示四位年份,%m 表示月份,%d 表示日期,%H 表示小时,%M 表示分钟,%S 表示秒。

2.3.3 任务实施

(1) 根据项目要求,使用 Python 编写如下程序:

```
import time
# 年龄计算器
year = input('请输入您的出生年:')              # input()函数的用法
year = int(year)                              # int 转换的用法
month = input('请输入您的出生月:')             # input()函数的用法
month = int(month)                            # int()函数转换的用法
current_time = time.localtime()               # 下划线命名法,time 库的知识
current_year = current_time[0]                # 索引的概念,从 0 开始
current_month = current_time[1]
print(type(current_year))                     # 查看 current_year 的类型,发现是整数类型
age_year = current_year - year + 1
age_month = (current_month - month)
print(age_year)
print(age_month)
float_month = age_month/12                    # 不能命名为 float 关键字,注意遵守命名规范
print(type(float_month))                      # 查看 float_month 的类型,发现是浮点数类型
# 打印输出
print("年龄是:", age_year + float_month)
```

(2) 程序运行后,显示:"请输入您的出生年:"。

(3) 输入出生年份,如"2005",按回车键。

(4) 显示"请输入您的出生月:"。

(5) 输入出生月份,如"01",按回车键。

(6) 结果显示如下:

```
<class 'int'>
20
2
<class 'float'>
年龄是:20.166666666666668 岁
```

项目总结

通过本项目,读者可以熟练掌握和运用 Python 的基本语法和基本类型,学会基本输入与输出,能够正确引用第三方库来辅助编程设计。本项目的学习,在后续学习中起着引导学习、奠定基础的作用。读者可以放慢脚步,不使用集成开发环境自带的代码补齐功能或人工智能编码功能,通过亲手编程,夯实 Python 编程基础,学习 Python 编程规范,养成扎实的编程习惯。

项目拓展

本项目可以通过界面设计达到更为直观的程序设计效果。具体要求如下:为计算当前月份下用户的年龄,开发一个界面如图 2.2 所示的小程序,该程序能够实现输入出生年、月以及现在的年、月就能计算用户的年龄并将结果显示在界面上。

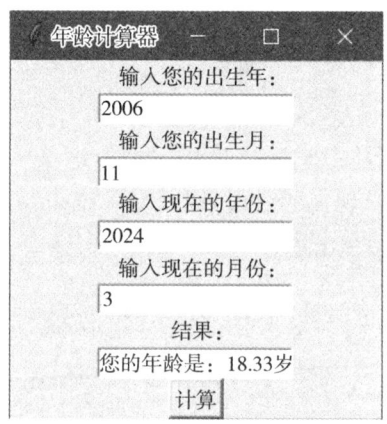

图 2.2 年龄计算器界面

1. 知识储备——Tkinter 库的使用

(1) Tkinter 库的基本介绍

Tkinter(即 Tk interface,简称"Tk")本质上是对 Tcl/Tk 软件包的 Python 接口封装,属于 Python 自带的标准库,安装好 Python 后可以直接使用 Tkinter 库而无须另行安装。

Tkinter 库作为 Python GUI 开发工具之一，具备 GUI 库的常用功能，可以说"麻雀虽小，五脏俱全"。Tkinter 的主要特点是速度很快，并且通常直接附带在 Python 中。

Tkinter 包含了若干模块。Tk 接口被封装在一个名为"_Tkinter"的二进制模块里（Tkinter 的早期版本）。这个模块包含了 Tk 的低级接口，因而它不会被程序员直接应用。它通常表现为一个共享库（或 dll 文件），但在一些版本中它与 Python 解释器结合在一起。

在 Tk 接口的附加模块中，Tkinter 包含了一些 Python 模块，被保存在标准库的一个子目录里，称为 Tkinter。其中有两个重要的模块，一个是 Tkinter，另一个是 Tkconstants。因为前者自动导入后者，所以用户如果使用 Tkinter，那么仅仅导入一个模块就可以。

在 Python 3.x 中，Tkinter 的名称已经更改为"tkinter"，使用的语句是 import tkinter。

（2）引用 Tkinter 库

```
import tkinter as tk
```

（3）创建主窗口

```
root=tk.Tk()
root.title("年龄计算器")
```

创建一个名为"root"的主窗口，并将窗口的标题设置为"年龄计算器"。

（4）创建标签和输入框

```
int_label1=tk.Label(root,text="输入您的出生年：")
entry1=tk.Entry(root)
```

创建标签和输入框，用于用户输入出生年。类似地，创建了其他标签和输入框，将其用于输入出生月、现在的年份、现在的月份，以及显示结果。

（5）创建按钮并定义按钮点击事件

```
btn1=tk.Button(root,text="计算",command=button_clicked)
```

创建一个按钮，显示文本"计算"，点击按钮时调用 button_clicked()函数。

（6）定义事件处理函数

```
def button_clicked():
    #...
```

定义一个函数 button_clicked()，在点击按钮时调用。该函数获取用户输入的数据，进行计算，并将结果显示在结果输入框中。

（7）启动主循环

root.mainloop()

（8）创建 Tk 模板窗口

在 Tkinter 中有一个非常重要的模板，原来 Tkinter 组件是以 Windows 经典主题显示的，而 Tk 使用的是 Windows 原生的主题。

```
from tkinter import *
root=Tk()
w=Label(root,text="Hello,world!")
w.pack()
root.mainloop() # 运行主循环
root.mainloop()
```

运行后结果如图 2.3 所示。

图 2.3　Tk 运行结果

2. 项目实施

（1）根据项目要求，使用 Python 编写如下程序：

```
# 年龄计算器
# 引用 Tkinter 库
import tkinter as tk
from tkinter import messagebox
# 创建主窗口
root=tk.Tk()
root.title("年龄计算器")
# 创建标签和输入框,用于输入出生年月和现在的年月
int_label1=tk.Label(root,text="输入您的出生年:")
entry1=tk.Entry(root)
int_label1.pack()
entry1.pack()
int_label2=tk.Label(root,text="输入您的出生月:")
entry2=tk.Entry(root)
int_label2.pack()
entry2.pack()
```

```
int_label3=tk.Label(root,text="输入现在的年份:")
entry3=tk.Entry(root)
int_label3.pack()
entry3.pack()
int_label4=tk.Label(root,text="输入现在的月份:")
entry4=tk.Entry(root)
int_label4.pack()
entry4.pack()
# 创建标签和输入框,将其用于显示计算结果
int_label5=tk.Label(root,text="结果:")
entry5=tk.Entry(root)
int_label5.pack()
entry5.pack()
# 定义按钮点击事件,计算年龄并将其显示在结果输入框中
def button_clicked():
    count1=float(entry1.get())
    count2=float(entry2.get())
    count3=float(entry3.get())
    count4=float(entry4.get())
    year=count3 - count1 + 1
    month=count4 - count2
    entry5.delete(0)
    entry5.insert(0,f'您的年龄是:{year + month / 12:.2f}岁')
# 创建按钮并绑定事件
btn1=tk.Button(root,text="计算",command=button_clicked)
btn1.pack()
# 启动主循环
root.mainloop()
```

(2) 程序运行后,结果如图2.4所示。

(3) 输入出生年:2005,出生月:01,现在的年份:2024,现在的月份:03。

(4) 点击"计算"。

(5) 显示结果如图2.5所示。

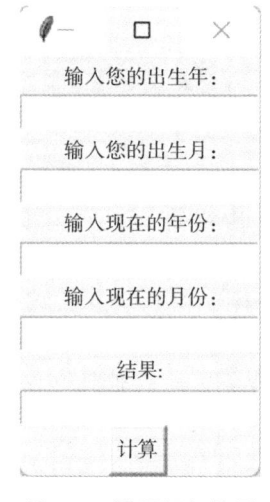
图 2.4　界面运行结果

图 2.5　最终运行结果

> 拓展阅读

超算扬国威——科学计算器可视化设计

　　2017 年 4 月 23 日吉尼斯世界纪录认证官在清华大学宣布，经过独立核实认证，中国清华简《算表》是目前发现的人类最早的十进制计算器。《算表》由 21 支竹简组成，其中 17 支保存完整，另外 4 支入藏时已有些残缺，但根据分析研究，能知道残缺部分的内容。《算表》形成于公元前 305 年左右，比此前发现的形成于公元前 200 多年的里耶秦简九九表还要早。负责《算表》整理工作的清华大学出土文献研究与保护中心研究员李均明表示，《算表》通过竹简交叉构成 21 行、20 列，分为乘数和被乘数个位、十位区，利用《算表》可以进行计算。

　　全国数学史学会理事长、中国科学院自然科学史研究所研究员郭书春说，《算表》能直接用于两位数的乘法及除法运算，还能对含有分数 1/2 的两位数进行乘法运算，"可能还可以用于开方运算，但还需进一步研究探索"。

　　2010 年，数学史专家曾对该篇竹简进行了鉴定。专家们一致认为，这 21 支竹简不仅具有数字特质，更具有运算功能，是一份实用的运算表，并建议将之命名为《算表》。《算表》为中国留存最早的数学文献实物，填补了先秦数学文献实物的空白，是研究中国古代数学的珍贵史料。由黄帝时期隶首发明的珠算到战国时期的《算表》，由 20 世纪 70 年代价格低廉的手持式电子计算器的推出到 2019 年 3 月 7 日微软开源在 GitHub 平台上的电脑计算器，科学计算已成为与理论、实验并驾齐驱的现代三大科学方法之一。

　　2023 年 4 月，国家超算互联网工作启动会在天津召开。会议发起成立了国家超算互联网联合体。未来，科技部将通过超算互联网建设，打造国家算力底座，促进超算算力的一体化运营，助力科技创新和经济社会高质量发展。预计到 2025 年底，国家超算互联网将可形成技术先进、模式创新、服务优质、生态完善的总体布局，有效支撑原始科学创新、重大工程突破、经济高质量发展、人民生活品质提高等目标达成，成为支撑数字中国建设的"高速路"。截至2024年，科学技术部批准建立的国家超级计算中心有14所，包括国家超级计算天津中心、国家超级计算广州中心、国家超级计算深圳中心、国家超级计算长沙中心、国家超级计算济南中心、国家超级计算无锡中心、国家超级计算郑州中心、国家超级计算昆山中心、国家超级计算西安中心、国家超级计算成都中心、国家超级计算太原中心、文昌航天超算中心、中新（重庆）国际超算中心以及"乌镇之光"超算中心。

国家超级计算济南中心（简称"济南超算"）由科技部批准成立，创建于2011年，是从事智能计算和信息处理技术研究及计算服务的综合性研究中心，也是我国首台完全采用自主处理器研制千万亿次超级计算机"神威蓝光"的诞生地，总部位于济南市超算科技园。

济南超算建有国内首台完全用自主CPU构建的千万亿次超级计算机（2011年），2018年建成E级计算原型机，2019—2022年在建百亿亿次超算平台、人工智能平台、工业互联网平台、大数据平台等重大基础设施；建有全球首个超算科技园，总投资108亿元，总建筑面积达69万平方米，其中已完成一期工程22万平方米；正建设人才住宅、公寓等1 600余套，满足各类人才住房需求。截至2019年底，济南超算共有在职职工180余人。其中，科研人员142人，科研支撑人员25人。正高级专业技术人员26人，副高级专业技术人员58人，11人拥有国家级或省级人才称号。济南超算贯彻省委省政府"一个定位、四个示范"要求，实施院所（中心）一体化运行机制，拥有计算机硕士学位学科点，建有山东省第一所网络空间安全学院。截至2019年，济南超算共有在培研究生180余人，本科生2 300余人，在站博士后6人。

济南超算主导建设智能信息技术山东省实验室、山东省计算机网络重点实验室、超级计算与人工智能产业技术研究院、山东省人工智能研究院、未来网络研究院等；积极参与山东高等技术研究院、济南国家新一代人工智能创新发展试验区、济南国家综合性科学中心、山东"超级计算"大科学工程、"算谷"建设；持续推动青岛、烟台等分部建设。

练习

一、单项选择题

1. 获取时间戳浮点数应该用（　　）函数。

A. time()　　　　　　　　　　　　B. ctime()

C. gmtime()　　　　　　　　　　　D. struct_time()

2. 以下程序输出时张三左边有（　　）个"＊"。

a='张三'.center(7,'＊')
print(a)

A. 1　　　　　B. 2　　　　　C. 3　　　　　D. 7

3. 以下关于 strftime() 时间格式化："年月日 时 分 秒"模板字符串的说法正确的是（　　）。

A. Y%m%d% H%M%S%
B. Y%M%D% h%m%s%
C. Y%m%d% H%m%s%
D. Y%m%d% h%m%s%

4. 以下程序的输出为（　　）。

a,b,c,d = '张三','李四','5','10'
print('{1}比{0}高{2}cm'.format(b,a,c))

A. 李四比张三高 5 cm
B. 张三比李四高 5 cm
C. 张三比李四高 10 cm
D. 李四比张三高 10 cm

二、编程题

利用学过的知识，设计可视化界面并实现简易计算器的功能。其界面如图 2.6 所示。

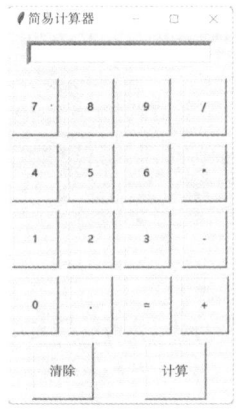

图 2.6　简易计算器界面

项目 3　大国汽车制造——VIN 码解析

字符串是 Python 编程中用于处理文本数据的重要数据类型，具有丰富的功能和应用场景。字符串功能包括存储文本信息、文本处理、字符串操作、字符串比较、字符串连接以及格式化输出等。本项目旨在利用强大的字符串功能解决 VIN 码解析的实际问题，其中基本任务包括 VIN 码的准确输入、车辆生产地理区域和制造年份解析以及 VIN 码的规范化输出。此外，项目拓展包括 VIN 码校验位解析与可视化设计。通过对这 3 个基本任务和项目拓展的实施与总结，本项目将充分展示字符串作为 Python 编程中的核心数据类型在解决实际问题中的重要作用和灵活性。

学习目标

1. 知识目标

了解字符串在 Python 编程中的重要性；

掌握字符串的基本操作方法和功能；

学会用 Python 中的字符串功能解决实际问题。

2. 能力目标

能够利用字符串的操作功能以及车架号 VIN 码的编码规则，正确解析出其中包含的信息，包括车辆生产地理区域、制造年份等；

能够使用字符串的各种操作，处理车架号 VIN 码以及其他字符串数据，包括查找、分割、连接、格式化等操作；

能够通过解析车架号 VIN 码校验位来验证给定的车架号 VIN 码的合法性。

3. 素质（思政）目标

通过理解车架号 VIN 码对于车辆的唯一识别和标识的重要性，增强责任心和安全意识；

通过实际解析和验证 VIN 码，增强实践能力和创新精神；

通过了解车架号 VIN 码的编码规则，强化法律法治观念。

学习重难点

1. 学习重点

字符串的基本操作，包括创建字符串、索引、切片、连接、查找、替换、格式化等；

将字符串的基本操作应用到车架号 VIN 码的解析中，并最终正确识别出来。

2. 学习难点

VIN 码的编码规则难于理解和记忆，将字符串操作应用到 VIN 码解析中时可能遇到的实际问题和挑战。

案例

习近平总书记在二十大报告中指出："坚持把发展经济的着力点放在实体经济上，推进新型工业化，加快建设制造强国、质量强国、航天强国、交通强国、网络强国、数字中国。实施产业基础再造工程和重大技术装备攻关工程，支持专精特新企业发展，推动制造业高端化、智能化、绿色化发展。"阿里云作为中国领先的云计算和人工智能技术提供商，其旗下的智能物联网平台阿里云提供了车辆识别与智能管理等解决方案，这项服务利用先进的图像识别和深度学习技术，并结合云计算、物联网等先进技术，为二手车交易、车辆管理、保险理赔等领域提供了高效准确的解决方案。通过其高效准确地识别和解析技术，用户可以快速获取车辆信息，提高工作效率，促进行业的数字化转型和智能化发展。这与推动制造业智能化发展的目标相契合，为实体经济发展注入了新动力。

开发车架号 VIN 码识别服务离不开一系列数据的处理与分析，基于 Python 的第三方包中提供了图像处理、文本分词解析、文本嵌入、图文预测等功能模块,为基于 Python 快速开发小场景应用提供了有效工具。

项目引入

车架号 VIN 码,也称为车辆识别代码,由 17 位字符组成,通常被称为十七位码。它在汽车行业中类似于身份证号,在车辆的唯一识别和标识上起着重要作用。通过 VIN 码可以快速获取车辆生产地理区域、车辆制造商、车辆类型代码、制造年份等关键信息。正确解读 VIN 码,对于正确地识别车型,以及正确地诊断和维修都十分重要。图 3.1 是 VIN 码的组成。

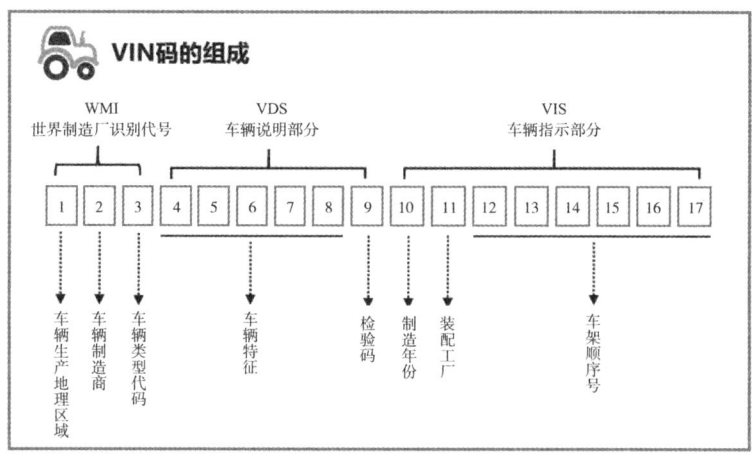

图 3.1 VIN 码的组成

1. WMI 码的组成

世界制造厂识别代号(World Manufacturer Identifier,WMI),用以标识车辆的制造厂商、品牌及类型信息。由 VIN 码的第 1—3 位字符构成。

第 1 位:车辆生产地理区域,指这辆车的制造国家或者制造地区。表 3.1 列出的 VIN 码第 1 位字符(地区标识符)的含义。

表 3.1 VIN 码第 1 位字符(地区标识符)的含义

代码	区域	代码	区域
1	美国	J	日本
2	加拿大	S	英国
3	墨西哥	K	韩国
4、5	美国	L	中国
6	澳大利亚	V	法国
9	巴西	Y	瑞典
W	德国	Z	意大利
T	瑞士		

第 2 位:车辆制造商。

第 3 位:车辆类型代码,类型包括轿车、客车、货车、电动车、越野车等,这个字符不同的制造商有不同的解释。

2. VDS 码的组成

车辆说明部分(Vehicle Descriptor Section,VDS),由 VIN 码第 4—9 位字符组成,说明车辆的一般特性。制造厂不用其中的一位或几位字符,就在该位置填入选定的字母或数字占位,其代号顺序由车辆制造厂确定。

第 4—8 位:车辆特征。这 5 位说明的是汽车的种类、系列、车身类型、发动机类型、额定总重等特征,并且不同种类的车型,所指的信息也有所差异。轿车:种类、系列、车身类型、发动机类型及约束系统类型;多用途汽车(Multi-Purpose Vehicle,MPV):种类、系列、车身类型、发动机类型及车辆额定总重;载货车:系列或型号、车身类型、载重信息、发动机信息、其他配置信息;客车:型号或种类、系列、车身类型、发动机类型及制动系统。具体的详细说明,不同厂商有不同的解释。

第 9 位:检验码。只能是数字 0—9 或 X,它是其他 16 位字符对应数值乘以其所在位置权重的和除以 11 所得的余数。当余数为 0—9 时,余数就是检验码;当余数为 10 时,X 为检验码。校验码的目的就是核对数字,检验 VIN 码填写是否正确,并能防止假冒产品。表 3.2 至表 3.4 是 VIN 码第 9 位字符(检验码)计算参照表。

表 3.2　VIN 码第 9 位字符(检验码)计算参照表 1

VIN 码中的数字	1	2	3	4	5	6	7	8	9
对应值	1	2	3	4	5	6	7	8	9

表 3.3　VIN 码第 9 位字符(检验码)计算参照表 2

VIN 码中的字母	A	B	C	D	E	F	G	H	J	K	L	M	N	P	R	S	T	U	V	W	X	Y	Z
对应值	1	2	3	4	5	6	7	8	1	2	3	4	5	7	9	2	3	4	5	6	7	8	9

表 3.4　VIN 码第 9 位字符(检验码)计算参照表 3

VIN 码中的位置	1	2	3	4	5	6	7	8	9	10	11	12	13	14	15	16	17
加权系数	8	7	6	5	4	3	2	10	*	9	8	7	6	5	4	3	2

3. VIS 码的组成

车辆指示部分(Vehicle Indicator Section,VIS),由 VIN 码第 10—17 位字符组成,是车辆制造商为了区别不同车辆而指定的一级字符,其最后 4 位(第 14—17 位)应是数字。

第 10 位:制造年份,为厂家规定的型年(Model Year),不一定是实际生产的年份,但一般与实际生产的年份之差不超过 1 年。为了避免混淆,第 10 位生产型年不使用"I""O""Q""U""Z""0",表 3.5 是 VIN 码第 10 位字符所代表的制造年份计算参照表。

表 3.5 VIN 码第 10 位字符(制造年份)计算参照表

年份	代码	年份	代码	年份	代码	年份	代码
2001	1	2011	B	2021	M	2031	1
2002	2	2012	C	2022	N	2032	2
2003	3	2013	D	2023	P	2033	3
2004	4	2014	E	2024	R	2034	4
2005	5	2015	F	2025	S	2035	5
2006	6	2016	G	2026	T	2036	6
2007	7	2017	H	2027	V	2037	7
2008	8	2018	J	2028	W	2038	8
2009	9	2019	K	2029	X	2039	9
2010	A	2020	L	2030	Y	2040	A

第 11 位:装配工厂。

第 12—17 位:车架顺序号,一般情况下,汽车召回都是针对某一顺序号范围内的车辆,即某一批次的车辆。

项目分析

随着汽车行业的不断发展和普及,车辆管理和维护变得越来越重要。正确识别 VIN 码,并解析出其中包含的信息,如车辆生产地理区域、制造年份、车型等,对车辆管理、售后服务和安全监管具有重要意义。因此,开发一个能够准确识别 VIN 码的系统具有重要的实用价值。

该项目开发的识别 VIN 码的系统应具备以下功能:

(1)系统提供用户友好的界面,实现通过输入 17 位 VIN 码判断输入位数是否正确。

(2)系统应具备高效稳定的性能,能够在不同环境下快速准确地识别和解析 VIN 码,提取出其中各部分信息,并进行校验以确保 VIN 码的合法性和准确性。

(3)系统应考虑到 VIN 码在不同国家和地区的编码规则和格式,具备一定的通用性和适应性。

根据以上分析,本项目需要完成以下 3 个任务:

任务 1　VIN 码的准确输入;

任务 2　车辆生产地理区域和制造年份解析;

任务 3　VIN 码的规范化输出。

本项目涉及的知识点如图 3.2 所示。

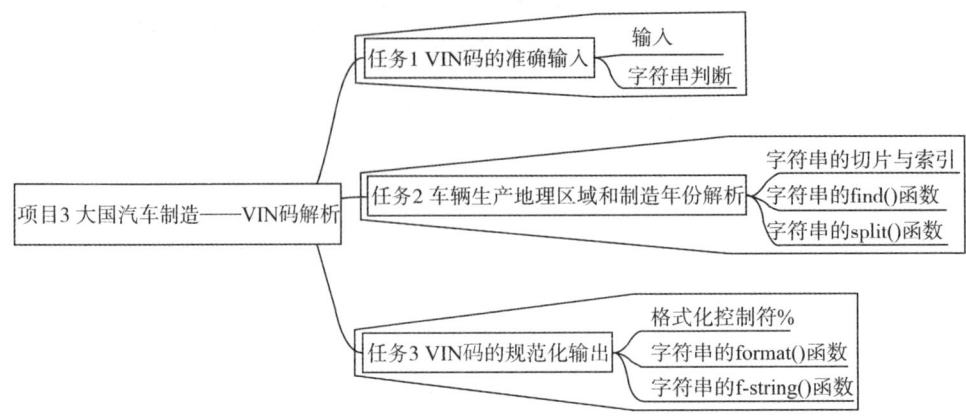

图 3.2　VIN 码解析项目的知识架构图

项目知识储备

编程语言中的字符串通常指的是一系列字符(例如字母、数字、符号等)的序列。在 Python 中,字符串是不可变的序列,这意味着一旦创建,字符串的内容就不能被修改。Python 提供了丰富的字符串处理功能,使得对字符串进行各种操作和处理变得非常方便。

字符串在 Python 中有许多函数,用于处理和操作字符串数据。表 3.6 列出了一些常见的字符串基本函数及其功能和代码演示。

表 3.6　字符串的基本函数及其功能和代码演示

字符串函数	功能	基本语法	代码演示
len()	返回字符串的长度	len(object)	string="Hello, World!" length=len(string) print(length)
str()	将其他类型的数据转换为字符串	str(object)	number=42 string_number=str(number) print(string_number)
lower() upper() capitalize()	将字符串转换为小写、大写或首字母大写	string.lower() string.upper() string.capitalize()	string="Hello World" print(string.lower()) print(string.upper()) print(string.capitalize())
title()	将每个单词的首字母转换为大写	str.title()	string="hello world" title_case=string.title() print(title_case)
count()	返回指定子字符串在字符串中出现的次数	str.count(sub[, start[, end]])	sentence=" Hello, how are you doing today?" count=sentence.count("how") print(f" The substring ' how ' appears {count} times.")

续表

字符串函数	功能	基本语法	代码演示

find()	如果找到子字符串,那么返回子字符串第一次出现的索引;如果没有找到子字符串,那么抛出一个ValueError异常	str.find(sub[,start[,end]])	text="Hello,World!"
			position=text.find("World")
			if position!=-1:
			    print(f"子字符串'World'在字符串中的位置是:{position}")
			else:
			    print("未找到匹配的子字符串")

index()	如果找到子字符串,那么返回子字符串第一次出现的索引;如果没有找到子字符串,那么抛出一个ValueError异常	str.index(sub[,start[,end]])	sentence="Hello, how are you doing today?" index=sentence.index("how") print(f"Substring 'how' found at index {index}")
replace()	替换字符串中的子字符串	str.replace(old,new[,count])	string="Hello,World!" new_string=string.replace("World","Universe") print(new_string)
split()	将字符串拆分为子字符串列表	str.split([sep[,maxsplit]])	string="Hello,World!" words=string.split(",") print(words)
join()	将一个列表中的字符串连接成一个字符串	separator.join(iterable)	fruits=['apple','orange','banana'] separator=',' result=separator.join(fruits) print(result)
strip()	去除字符串两端的空格(或指定的字符)	str.strip([chars])	string="Hello,World!" stripped=string.strip() print(stripped)

了解以上字符串的基本函数及其功能后,可以完成本项目关于VIN码的3个任务。

3.1 VIN码的准确输入

3.1.1 任务引入

VIN码作为验证汽车的唯一标识,由17位字符组成,"项目引入"部分已经对它的组成和作用进行了详细介绍。任务1将重点学习17位VIN码的输入和判断,通过input()函数和字符串操作(特别是长度判断)来解决实际问题。

3.1.2 知识储备

1. 输入

input()是一个Python内置函数,用于接收用户输入的字符串。它接受一个字符串参数,该参数是在用户输入之前显示在屏幕上的提示信息。用户输入的内容以字符串形式返回。

基本语法示例代码如下所示:

```
user_input=input("请输入提示信息: ")
```

该代码中"请输入提示信息:"是显示给用户的提示信息。user_input 是一个变量,用于存储用户输入的字符串。

例如以下代码中,变量 vin 获得了 input()函数的返回值,其为字符串类型:

```
vin=input("请输入 VIN 码: ")        # 获取用户输入的 VIN 码
print("VIN 码是: ", vin)
```

运行结果:

```
请输入 VIN 码:
```

在上述示例中,程序会提示用户输入 VIN 码,然后将用户输入的内容存储在变量 vin 中,并最后打印出来。需要注意的是,input() 函数接收的用户输入始终是字符串类型,如果需要其他类型,那么需要进行相应的类型转换。

2. 字符串判断

"! ="是 Python 中的不等于运算符,用于比较判断两个值是否不相等。它返回一个布尔值,如果两个操作数不相等,那么结果为 True,否则为 False。True 和 False 是布尔类型的两个常量,用于表示逻辑真和逻辑假。这些值通常在条件语句和布尔运算中使用。

基本语法:

```
a=True
b=False
a ! = b                           # 输出结果为 True
```

a 和 b 是两个不同的变量。不等号运算符"! ="检查左边的操作数是否不等于右边的操作数。

示例:

```
a=10
b=5
result=(a ! = b)
print(result)                     # 输出 True
```

如果 a 和 b 两个值不相等,那么返回 True;如果相等,那么返回 False。在上述例子中,a ! = b 表达式返回 True,因为变量 a 的值(5)不等于变量 b 的值(10)。

3.1.3 任务实施

根据所学的输入和字符串判断两部分知识,来实施完成:VIN码的准确输入,具体程序代码和步骤如下:

```
vin=input("请输入VIN码:")        # 获取用户输入的VIN码
if len(vin)!=17:                  # 检查VIN码长度是否为17位
    print("VIN码必须是17位")
```

运行结果为:

请输入VIN码:

此时,如果用户输入的VIN码不是17位,例如输入16位字符串"L123456789012345",那么输出错误提示"VIN码必须是17位"。

请输入VIN码:L123456789012345
VIN码必须是17位

因为VIN码的字符串是17位,若此时输入的VIN码少于或多于17位,则会输出"VIN码必须是17位"。

任务1的实施涉及使用Python编程语言验证VIN码的准确输入。首先提示用户输入VIN码,然后通过检查输入的字符串长度来验证其是否正好为17位,因为一个标准的VIN码由17个字符组成。如果用户输入的VIN码长度不等于17位,那么程序会输出错误提示"VIN码必须是17位",以指导用户正确输入。这个过程利用了基本的字符串长度判断功能来确保输入的VIN码符合车辆识别的标准格式。

3.2 车辆生产地理区域和制造年份解析

3.2.1 任务引入

任务2所学知识主要包括字符串的切片索引、find()函数和split()函数,使用这些字符串处理方法执行一个具体的编程任务,即解析车辆生产地理区域和制造年份。这个任务不仅考查对基础编程概念的理解和应用能力,还考查将这些技术整合在一起解决实际问题的能力。

3.2.2 知识储备

1. 字符串的切片索引

字符串的切片索引是指在Python中使用索引值获取字符串中的子串。字符串是由字符组成的序列,每个字符都有一个对应的索引位置,索引从 0 开始。

基本语法如下:

```
string[start:stop:step]
```

start 是起始索引,stop 是结束索引(不包含在切片中),step 是步长。需要注意的是,切片索引中的 start、stop、step 都是可选的,可以根据需要省略。如果省略 start,那么默认为 0;如果省略 stop,那么默认为字符串的长度;如果省略 step,那么默认为 1。

示例 1:

假设有一个字符串 s,按照不同的切片方式完成对该字符串的切片索引。

```
s="Hello, World!"      # 假设一个字符串
print(s[:])            # 获取整个字符串
print(s[2:5])          # 从索引 2 开始到索引 5(不包含 5)的子串
print(s[7:])           # 从索引 7 开始到字符串末尾的子串
print(s[:6])           # 从字符串开头到索引 6(不包含 6)的子串
print(s[::2])          # 每隔一个字符获取字符串的子串
print(s[6:1:-1])       # 从索引 6 到索引 1(不包含 1)的子串
print(s[7:2:-1])       # 从索引 7 到索引 2(不包含 2)的子串
```

输出结果:

```
Hello, World!
llo
World!
Hello,
Hlo ol!
,oll
W ,ol
```

示例 2:

```
vin="L1234567890123456"    # 假设的 17 位 VIN 码
region_code=vin[0]          # 提取地区标识符(假设地区标识符位于第 1 位)
year_code=vin[8:10]         # 提取制造年份(假设制造年份位于第 9 位到第 10 位)
#输出结果
print(f"VIN 码:{vin}")
print(f"地区标识符:{region_code}")
print(f"制造年份:{year_code}")
```

vin[0] 表示取第 1 位字符,而 vin[8:10] 表示取第 9 位到第 10 位字符。这样,可以

通过字符串切片索引轻松地提取 VIN 码中的各种信息。

输出结果：

VIN 码：L1234567890123456
地区标识符：L
制造年份：89

上述例子中，假设了制造年份，其实第 10 位即代表了制造年份，可以通过程序查找对应的制造年份。

2. 字符串的 find()函数

find()函数是字符串的方法之一，用于在字符串中查找指定子字符串的第一个匹配项，并返回其索引。如果找不到匹配项，那么返回 －1。

示例 1：

```
text="Hello, welcome to the programming world."
substring="welcome"
index=text.find(substring)           # 使用 find()函数查找子字符串
print(f"The substring '{substring}' found at index：{index}")
```

运行结果：

The substring 'welcome' found at index：7

在示例 1 中，字符串 "Hello, welcome to the programming world." 包含子字符串 "welcome"。使用 find()函数搜索这个子字符串，并返回它第一次出现的位置的索引。如果子字符串在文本中被找到，那么 index 将会是子字符串第一个字符在母字符串中的位置（索引从 0 开始）。因此，对于这个例子，它会输出 "welcome" 第一次出现的索引位置"7"。

如果 "welcome" 没有在母字符串中出现，那么 find()函数将会返回 －1。

示例 2：

```
text="Exploring the depths of Python."
substring="welcome"
index=text.find(substring)           # 使用 find()函数查找子字符串
print(f"The substring '{substring}' found at index：{index}")
```

运行结果：

The substring 'welcome' found at index：－1

示例 3：

```
vin=input("请输入 VIN 码：")        # 获取用户输入的 VIN 码
region_str='1234569WTJSKLVYZ'      # 定义包含地区标识符的字符串
region_list = ' 美国,加拿大,墨西哥,美国,美国,澳大利亚,巴西,德国,瑞士,日本,英国,韩国,\
            中国,法国,瑞典,意大利'  # 定义地区字符
region_code=vin[0]                 # vin 的第 1 位字符是地区标志符
region_index=region_str.find(vin[0])  # 使用字符串的 find()函数查找地区标志符的索引
# 定义地区标识符和车辆生产地理区域的字典
region_dict={
    '1':'美国',
    '2':'加拿大',
    '3':'墨西哥',
    '4':'美国',
    '5':'美国',
    '6':'澳大利亚',
    '9':'巴西',
    'W':'德国',
    'T':'瑞士',
    'J':'日本',
    'S':'英国',
    'K':'韩国',
    'L':'中国',
    'V':'法国',
    'Y':'瑞典',
    'Z':'意大利',
}
# 输出解析结果
if region_index！=-1:
    region=region_str[region_index]
    print(f"这辆车的地区标识符是：{region}")
else:
    print("未找到匹配的地区标识符")
```

运行结果：

请输入 VIN 码：[   ]

此时若输入 VIN 码：L1234567890123456，则会输出如下结果：

```
请输入 VIN 码:L1234567890123456
这辆车的地区标识符是:L
```

在上述示例中,find()函数用于在 region_str 中查找用户输入的 VIN 码的第一个字符(地区标识符)的位置,如果找到,那么返回对应的索引,否则返回 -1。这个索引值被用来在 region_dict 中查找对应的地区名称。

3. 字符串的 split()函数

字符串的 split() 函数用于将字符串分割成子字符串,并返回一个包含分割结果的列表。该函数接受一个可选的参数,即分隔符,默认为所有空白字符(空格、制表符、换行符等)。

基本语法:

```
string.split(separator, maxsplit)
```

separator:指定的分隔符,默认为所有空白字符。
maxsplit:可选参数,指定分割的次数。默认为 -1,表示分割所有匹配的子字符串。

示例 1:

```
text="Python is a powerful programming language"
words=text.split()              # 使用 split()函数分割字符串,默认分隔符为所有空白字符
print("List of words:", words)
```

在上面这个示例中,字符串"Python is a powerful programming language"将会被 split()函数分割成单词列表,因为没有指定分隔符,所以默认将空白字符(如空格)作为分隔符。结果将是一个包含各个单词的列表。

运行结果:

```
List of words: ['Python', 'is', 'a', 'powerful', 'programming', 'language']
```

示例 2:

```
data="apple,banana,cherry"
fruits=data.split(',')          # 使用 split()函数并指定逗号","作为分隔符
print("List of fruits:", fruits)
```

在这个示例中,字符串"apple,banana,cherry"通过指定逗号作为分隔符,被分割成了一个包含各个水果名称的列表。这展示了 split()函数如何根据提供的分隔符来分割字符串。

运行结果:

```
List of fruits: ['apple', 'banana', 'cherry']
```

示例3：

```
vin=input("请输入VIN码：")           # 获取用户输入的VIN码
region_str='1234569WTJSKLVYZ'       # 定义包含地区标识符的字符串
region_list='美国,加拿大,墨西哥,美国,美国,澳大利亚,巴西,德国,瑞士,日本,英国,韩国,\
         中国,法国,瑞典,意大利'    # 定义地区字符
region_code=vin[0]                    # vin的第1位字符是地区标志符
region_index=region_str.find(region_code)  #使用find()函数查找地区标识符的位置

if region_index！=-1:
    #使用地区索引获取车辆生产地理区域
    region=region_list.split(',')[region_index]
    print(f"这辆车的地区标识符是：{region_code};车辆生产地理区域是：{region}")
else:
    print("未找到匹配的地区标识符")
```

运行结果：

请输入VIN码：⬚

此时若输入VIN码：L1234567890123456，则会输出如下结果：

请输入VIN码：L1234567890123456
这辆车的地区标识符是：L;车辆生产地理区域是：中国

在上述示例中，region是个字符串，各个地区是用逗号分开的，使用字符串的split()函数将其按照逗号分隔为列表中的元素，并使用索引找到对应的元素。

3.2.3 任务实施

根据任务2所学的字符串的切片索引、find()函数和split()函数这三部分知识，再结合任务1中所学的input()函数和"！＝"，来实施完成任务2，具体程序代码和步骤如下：

```
import tkinter as tk                  # 引用Tkinter库并使用别名tk
from tkinter import messagebox        # 从Tkinter库中导入messagebox模块
custom_font=("SimSun", 10)            # 自定义字体,使用宋体(SimSun)字体,大小为10
region_str='1234569WTJSKLVYZ'        # 定义包含地区标识符的字符串
region='美国,加拿大,墨西哥,美国,美国,澳大利亚,巴西,德国,瑞士,日本,英国,韩国,中国,\
    法国,瑞典,意大利'
```

```
# 定义年份字符循环
cycle='123456789ABCDEFGHJKLMNPRSTVWXY'
vin=input('请输入 VIN 码:')           # 提示用户输入 VIN 码
if len(vin)!=17:                       # 检查 VIN 码是否为 17 位
    print("VIN 码必须是 17 位")

# 解析地区标识符
region_code=vin[0]                     # 获取 VIN 的第 1 位字符,即地区标志符
region_index=region_str.find(region_code)
region=region.split(',')[region_index] # 从地区列表中提取与地区标志符对应的车辆生产地
                                       # 理区域
# 解析制造年份
year_code=vin[9]                       # 获取 VIN 的第 10 位字符,即年份码
year_index=cycle.find(year_code)+1     # 定义年份字符循环
year=f'20{year_index:0>2}'             # 使用 f-string 方法格式化字符串,将年份码转换为制
                                       # 造年份
# 显示结果,构造结果文本
result_text=f"这辆车是在{region}制造的,制造年份为{year}年"
print(result_text)                     # 打印结果文本
```

运行结果为:

请输入 VIN 码:

此时若输入 VIN 码:L1234567890123456,则会输出以下结果:

请输入 VIN 码:L1234567890123456
这辆车是在中国制造的,制造年份为 2009 年

在任务 2 中,首先,使用任务 1 中所学的 input()函数输入用户的 VIN 码,并对其位数进行判断;其次,使用字符串的切片索引,从 VIN 码中提取特定位置的字符,这些字符代表了车辆生产地理区域和制造年份;然后,使用 find()函数,确定某些特定标识或分隔符在 VIN 码中的位置,这对于解析复杂格式的数据很有帮助;最后,使用 split()函数将 VIN 码中的信息分割成易于管理的部分,尤其是当信息被特定字符分隔时。

3.3 VIN 码的规范化输出

3.3.1 任务引入

要打印 VIN 码规范的输出结果,可以使用字符串格式化确保输出的格式清晰易读。这通常涉及将解析结果格式化为一组明确的字段,并在打印时将它们组合起来。字符串

的格式化是一种在字符串中插入变量、表达式或其他值的方式，以便动态创建字符串。在 Python 中，有几种字符串格式化的方法，除了传统的％格式化方法以外，最常见的是使用字符串的 f-string 方法、format() 函数。

3.3.2 知识储备

1. 格式化控制符％的使用

传统的％格式化方法是 Python 中较早引入的一种字符串格式化方法，在字符串中使用格式化控制符"％"占位，然后通过"％"将值替换到字符串中。

基本语法如下所示：

```
formatted_string="template_string ％ (arguments)"
```

其中，formatted_string 是一个包含格式化后内容的字符串；template_string 是一个字符串，其中包含了"％s""％d"等用于占位的格式化控制符，用于表示待插入的值的位置和类型；arguments 是一个包含待插入 template_string 中的值的元组。

示例代码如下：

```
name="Alice"
age=20
formatted_string="My name is ％s and I am ％d years old." ％ (name, age)
print(formatted_string)
```

上述代码的输出结果为：

```
My name is Alice and I am 20 years old.
```

2. 字符串的 f-string 方法的使用

f-string（格式化字符串字面值）是自 Python 3.6 版本引入的一种字符串格式化方法，可以将变量插入字符串中。具体而言，它使用以字母"f"开头的特殊字符串来创建一个字符串模板，其中用花括号"{}"括起来的 Python 表达式会在运行时被替换成要输出的值。

示例 1：

```
name="Alice"
age=20
print(f"My name is {name} and I am {age} years old.")
```

输出结果：

```
My name is Alice and I am 20 years old.
```

示例2：

```
# 假设一个17位的VIN码
vin="JH4DC4450RS012345"
# 解析VIN码的不同部分
region_code=vin[0]
year_code=vin[9]
# 根据地区标识符解析车辆生产地理区域
region_dict={
    '1'：'美国',
    '2'：'加拿大',
    '3'：'墨西哥',
    # ...其他车辆生产地理区域的映射
}
region=region_dict.get(region_code,'未知地区')
# 根据年份码解析制造年份
cycle='123456789ABCDEFGHJKLMNPRSTVWXY'
year_index=cycle.find(year_code)+1
year=f'20{year_index:0>2}'
# 使用f-string方法格式化字符串
formatted_result=f"这辆车的VIN码是：{vin}；车辆生产地理区域是：{region}；制造年份是：{year}"
# 输出结果
print(formatted_result)
```

上述代码的输出结果为：

这辆车的VIN码是：JH4DC4450RS012345；车辆生产地理区域是：未知地区；制造年份是：2024

在上述示例中，使用了一个包含在f-string中的字符串模板，并使用f-string方法将VIN码、车辆生产地理区域和制造年份插入模板中，最终得到格式化后的字符串。这样可以使代码更具可读性和可维护性。

3. 字符串的format()函数的使用

format()函数是Python字符串对象的一个内置函数，用于格式化字符串。它允许在字符串中插入变量、表达式或其他值，并在运行时将其替换为实际的值。

基本语法示例如下：

```
formatted_string="template_string".format(arguments)
```

其中，formatted_string是一个包含格式化后内容的字符串；template_string是一个字符串，其中包含了占位符"{}"，用于表示待插入的值的位置；arguments是一个或多个被插入 template_string 中的值。

示例 1：

```
name="Alice"
age=20
formatted_string="My name is {} and I am {} years old. ".format(name，age)
print(formatted_string)
```

上述代码的输出结果为：

My name is Alice and I am 20 years old.

示例 2：

```
vin_template="这辆车的 VIN 码是:{};车辆生产地理区域是:{};制造年份是:{}"
# 假设一个 17 位的 VIN 码
vin="JH4DC4450RS012345"
# 解析 VIN 码的不同部分
region_code=vin[0]
year_code=vin[9]
# 根据地区标志符解析车辆生产地理区域
region_dict={
    '1':'美国',
    '2':'加拿大',
    '3':'墨西哥',
    # ...其他车辆生产地理区域的映射
}
region=region_dict.get(region_code，'未知地区')
# 根据年份码解析制造年份
cycle='123456789ABCDEFGHJKLMNPRSTVWXY'
year_index=cycle.find(year_code) + 1
year=f'20{year_index:0>2}'
# 使用 format() 函数格式化字符串
formatted_result=vin_template.format(vin，region，year)
# 输出结果
print(formatted_result)
```

上述代码的输出结果为：

这辆车的 VIN 码是:JH4DC4450RS012345;车辆生产地理区域是:未知地区;制造年份是:2024

在上述示例中，使用了一个包含"{}"占位符的字符串模板，并使用 format( )函数将

VIN 码、车辆生产地理区域和制造年份插入模板中，最终得到格式化后的字符串。这样可以使代码更具可读性和可维护性。

3.3.3 任务实施

下面用任务 3 所学的有关字符串的方法和功能以及 Python 基本知识来实施完成。具体要求如下：

检验输入的 VIN 码的位数正确与否，并通过输入的 17 位车架号来准确解析车辆的车辆生产地理区域和制造年份等信息；再用 f-string 方法格式化字符串将解析出的车辆生产地理区域和制造年份拼接成一个结果文本，并最终规范化输出文本；最后需生成 VIN 码解析工具界面。

程序代码如下：

```python
import tkinter as tk                          # 导入 Tkinter 库并使用别名 tk
from tkinter import messagebox                # 从 Tkinter 库中导入 messagebox 模块
custom_font=("SimSun",10)                     # 自定义字体，使用宋体(SimSun)字体，大小为 10
def decode_vin():
    # 定义包含地区标识符的字符串
    region_str='1234569WTJSKLVYZ'
    region='美国,加拿大,墨西哥,美国,美国,澳大利亚,巴西,德国,瑞士,日本,英国,韩国,\
            中国,法国,瑞典,意大利'
    # 定义年份字符循环
    cycle='123456789ABCDEFGHJKLMNPRSTVWXY'
    vin=entry.get().strip().upper()           # 获取用户输入的 VIN 码并转换为大写
    if len(vin)!=17:                          # 检查 VIN 码长度是否为 17 位
        # 如果不是，抛出错误
        raise ValueError("VIN 码必须是 17 位")
    # 解析地区标识符
    region_code=vin[0]                        # 获取 VIN 码的第 1 位，即地区标志符
    # 使用字符串的 find()函数查找地区标志符的索引
    region_index=region_str.find(region_code)
    # 从地区列表中提取与地区标志符对应的车辆生产地理区域
    region=region.split(',')[region_index]
    # 解析制造年份
    year_code=vin[9]                          # 第 10 位代表的是制造年份
    # 定义年份字符循环
    year_index=cycle.find(year_code)+1
    # 使用 f-string 方法格式化字符串，将年份码转换为制造年份
    year=f'20{year_index:0>2}'
```

```
# 显示结果
    result_text=f"这辆车是在{region}制造的,制造年份为{year}年"
    result_label.config(text=result_text)
# 创建主窗口
root=tk.Tk()
root.title("VIN码解析工具")
root.option_add("*Font",custom_font)
# 创建输入框
label=tk.Label(root,text="请输入VIN码:",font=custom_font)
label.pack()
entry=tk.Entry(root)
entry.pack()
# 创建按钮
button=tk.Button(root,text="解析VIN码",command=decode_vin,font=custom_font)
button.pack()
# 创建显示结果的标签
result_label=tk.Label(root,text="")
result_label.pack()
# 运行主循环
root.mainloop()
```

上面这段程序代码在任务2实施的基础上,添加了f-string格式化字符串以及界面实现功能,如图3.3所示。用户可以直接在界面上输入VIN码,并点击按钮获取解析结果,而不需要通过命令行界面进行输入和输出。这段代码构成了一个简单但功能完整的GUI应用程序的基础,用于解码车辆VIN码的特定方面,重点是车辆生产地理区域和制造年份。

图3.3 VIN码解析工具界面

项目总结

1. 字符串学习

通过完成车架号VIN码的三个任务,读者可以学到字符串在Python中的多种操作和格式化方法。下面是关于Python字符串学习的主要总结:

(1) 字符串的基本操作

① 字符串是 Python 中的一种数据类型,用于表示文本信息。

② 可以使用单引号、双引号或三引号来创建字符串。

③ 可以通过索引访问字符串中的单个字符,索引从 0 开始。使用切片操作可以获取字符串的子串,格式为[start:end:step],其中 start 为起始索引,end 为结束索引(不包含),step 为步长。

(2) 字符串的常用函数

① find(substring):查找子字符串在字符串中第一个出现的位置,返回索引值。如果未找到,那么返回－1。

② split(separator):根据指定的分隔符将字符串拆分为子字符串,并返回一个列表。

③ strip():去除字符串开头和结尾的空白字符。

④ replace(old, new):替换字符串中的指定子字符串。

(3) 字符串的格式化方法

① 传统的 ％ 格式化方法:使用格式化控制符％和格式化指令将变量插入字符串中。

② f-string 格式化方法:在字符串前加上"f"或"F",然后在字符串中使用花括号"{}"插入变量或表达式。

③ format() 格式化方法:使用"{}"占位,并通过 format() 函数插入相应的值。

(4) VIN 码的解析任务

通过字符串的切片索引、find() 函数和 split() 函数,可以提取 VIN 码中的特定信息,如汽车生产地理区域和年份。

① 切片索引可用于获取 VIN 码中特定位置的字符或子字符串。

② find() 函数可用于查找 VIN 码中特定子字符串的位置。

③ split() 函数可用于根据 VIN 码中的特定字符分割字符串,以提取需要的信息。

通过这些任务,不仅学习了 Python 字符串的基本操作和常用方法,还掌握了如何利用字符串操作和处理实际数据,为进一步的 Python 编程提供了基础。

2. 车架号 VIN 码

该项目的主要目标是开发一个能够识别和解析车辆 VIN 码的系统。该系统旨在提供用户友好的界面,通过输入 17 位 VIN 码来查询其正确与否,并从中解析出车辆的车辆生产地理区域、制造年份等重要信息,以验证 VIN 码的真实性。

为了实现这一目标,项目需要解决以下几个关键问题:

(1) 用户输入的准确性和合法性:系统需要确保用户输入的 VIN 码是准确的且符合规范,否则可能会导致解析错误。

(2) VIN 码解析功能:系统需要能够根据 VIN 码的编码规则和校验位的计算方法,准确解析出其中包含的车辆信息,如生产地区、制造年份等。

(3) 解析结果的输出:解析后的车辆信息需要以规范的格式输出,以便用户查看和理解。

针对这些问题,项目采取以下方案:

（1）对用户的输入进行严格的格式验证，以确保输入的 VIN 码长度为 17 位且符合编码规范，并设计用户友好的界面，提供清晰的输入框和解析结果显示区域。

（2）开发 VIN 码解析算法，根据 VIN 码的编码规则和校验位的计算方法，准确解析出其中包含的车辆信息。

（3）在解析结果的输出上，使用规范的格式展示解析后的车辆信息，包括生产地区、制造年份等。

以上方案可以确保项目实现了准确识别和解析车辆 VIN 码的功能，并输出了规范的解析结果，满足了用户的需求。同时，项目在一定程度上培养了学生的责任心、安全意识、实践能力和创新精神，为他们未来的学习和工作奠定了良好的基础。

◆ 项目拓展

VIN 码校验位解析与可视化设计

在项目实施的基础上，添加对 VIN 码第 9 位的校验功能，以检验输入的 VIN 码是否正确，防止假冒产品。

1. VIN 码校验位解析

代码如下：

```python
import tkinter as tk
from tkinter import messagebox
# 自定义字体,使用宋体(SimSun),字号为 10
custom_font=("SimSun", 10)

# 定义地区和年份的映射字符串
region_str='1234569WTJSKLVYZ'              # 定义包含地区标识符的字符串
region='美国,加拿大,墨西哥,美国,美国,澳大利亚,巴西,德国,瑞士,日本,英国,韩国,中国,\
        法国,瑞典,意大利'
cycle='123456789ABCDEFGHJKLMNPRSTVWXY'     # 定义年份字符循环

# 定义 VIN 码校验所需的权值和字符值映射
weights='8,7,6,5,4,3,2,10,0,9,8,7,6,5,4,3,2'   # 17 位 VIN 码对应的权值
char='123456789ABCDEFGHJKLMNPRSTUVWXYZ'        # 定义 VIN 码中可能出现的字符
char_value='12345678912345678123457923456789'  # 定义 17 位 VIN 码中字符对应计算值
# 获取用户输入的 VIN 码
vin=input('请输入 VIN 码:')                     # 从用户那里接收 VIN 码输入
if len(vin)!=17:                                # 检查 VIN 码长度是否为 17 位
    print('VIN 码位数错误,请修正后重试！')
```

```
else:
    '''
    对每一位字符进行查找、映射并计算校验和；
    每一行的操作是：找到 VIN 码当前位的字符在 char 中的索引,
    通过这个索引找到对应的 char_value,然后乘以相应的权值
    '''
    v0=int(char_value[char.find(vin[0])]) * int(weights.split(',')[0])
    # 重复上述操作,直到计算完 VIN 码的所有 17 位(后续可使用循环结构简化该代码)
    v1=int(char_value[char.find(vin[1])]) * int(weights.split(',')[1])
    v2=int(char_value[char.find(vin[2])]) * int(weights.split(',')[2])
    v3=int(char_value[char.find(vin[3])]) * int(weights.split(',')[3])
    v4=int(char_value[char.find(vin[4])]) * int(weights.split(',')[4])
    v5=int(char_value[char.find(vin[5])]) * int(weights.split(',')[5])
    v6=int(char_value[char.find(vin[6])]) * int(weights.split(',')[6])
    v7=int(char_value[char.find(vin[7])]) * int(weights.split(',')[7])
    v8=int(char_value[char.find(vin[8])]) * int(weights.split(',')[8])
    v9=int(char_value[char.find(vin[9])]) * int(weights.split(',')[9])
    v10=int(char_value[char.find(vin[10])]) * int(weights.split(',')[10])
    v11=int(char_value[char.find(vin[11])]) * int(weights.split(',')[11])
    v12=int(char_value[char.find(vin[12])]) * int(weights.split(',')[12])
    v13=int(char_value[char.find(vin[13])]) * int(weights.split(',')[13])
    v14=int(char_value[char.find(vin[14])]) * int(weights.split(',')[14])
    v15=int(char_value[char.find(vin[15])]) * int(weights.split(',')[15])
    v16=int(char_value[char.find(vin[16])]) * int(weights.split(',')[16])

    # 计算总和
    sum=v0+v1+v2+v3+v4+v5+v6+v7+v8+v9+v10+v11+v12+v13+v14+v15+v16
    remain=sum%11              # 计算总和除以 11 的余数,用于校验
    if remain==10:             # 如果余数为 10,那么校验位应为 X
        remain='X'
    if str(remain)!=vin[8]:    # 比较计算得到的校验位和 VIN 码中的第 9 位
        print('VIN 校验错误,请修正后重试!')
    else:
        # VIN 码校验正确后,解析地区标识符和制造年份
        region_code=vin[0]     # 获取 VIN 码的第 1 位是地区标识符
        #查找地区标识符在定义的字符串中的索引
```

```
            region_index=region_str.find(region_code)
            region=region.split(',')[region_index]    # 使用索引获取车辆生产地理区域

            # 解析制造年份
            # 获取 VIN 码的第 10 位,是年份码
            year_code=vin[9]
            # 查找年份码在字符串中的索引并计算制造年份
            year_index=cycle.find(year_code)+1
            # 字符串的 f-string 方法格式化制造年份输出
            year=f'20{year_index:0>2}'

            # 显示结果
            result_text=f"这辆车是在{region}制造的,制造年份为{year}年"
            print(result_text)                         # 打印解析结果
```

运行结果为:

请输入 VIN 码：

当输入一个错误的 VIN 码时,例如输入 VIN 码"JH4DC4450RS012345",则输出结果"VIN 校验错误,请修正后重试!"。

请输入 VIN 码：JH4DC4450RS012345
VIN 校验错误,请修正后重试!

只有输入正确的 VIN 码,才能输出显示正确的结果,例如输入 VIN 码"LE4ZG8DB7ML673668",则输出结果"这辆车是在中国制造的,制造年份为 2021 年"。

请输入 VIN 码：LE4ZG8DB7ML673668
这辆车是在中国制造的,制造年份为 2021 年

2. VIN 码校验位解析界面代码
代码如下:

```
import tkinter as tk                    # 引用 Tkinter 库,将其用于创建 GUI 界面
from tkinter import messagebox          # 从 Tkinter 库导入 messagebox 模块,将其用于显示
                                        #   消息框
# 设置 GUI 界面的字体
custom_font=("SimSun", 10)              # 使用宋体(SimSun),字号为 10

def decode_vin():                       # 定义解析 VIN 码的函数
    result_label.config(text="")        # 在每次解析前清除之前显示的结果
```

```
region_str='1234569WTJSKLVYZ'          # 地区标志符
region='美国,加拿大,墨西哥,美国,美国,澳大利亚,巴西,德国,瑞士,日本,英国,韩国,\
       中国,法国,瑞典,意大利'
# 定义年份字符循环
cycle='123456789ABCDEFGHJKLMNPRSTVWXY'


# 定义VIN码校验所需的权值和字符值映射
weights='8,7,6,5,4,3,2,10,0,9,8,7,6,5,4,3,2' # 17位VIN码对应的权值
# 定义VIN码中可能出现的字符
char='123456789ABCDEFGHJKLMNPRSTUVWXYZ'
# 定义17位VIN码对应的计算的值
char_value='12345678912345678123457923456789'
# 从输入框获取输入的VIN码,并将其转换为大写
vin=entry.get().strip().upper()

# 检查VIN码长度是否为17位
if len(vin)!=17:                       # 用户输入VIN码
    result_text=f"VIN码位数错误,请修正后重试! VIN码必须是17位"
    result_label.config(text=result_text)
    return None
v0=int(char_value[char.find(vin[0])]) * int(weights.split(',')[0])
v1=int(char_value[char.find(vin[1])]) * int(weights.split(',')[1])
v2=int(char_value[char.find(vin[2])]) * int(weights.split(',')[2])
v3=int(char_value[char.find(vin[3])]) * int(weights.split(',')[3])
v4=int(char_value[char.find(vin[4])]) * int(weights.split(',')[4])
v5=int(char_value[char.find(vin[5])]) * int(weights.split(',')[5])
v6=int(char_value[char.find(vin[6])]) * int(weights.split(',')[6])
v7=int(char_value[char.find(vin[7])]) * int(weights.split(',')[7])
v8=int(char_value[char.find(vin[8])]) * int(weights.split(',')[8])
v9=int(char_value[char.find(vin[9])]) * int(weights.split(',')[9])
v10=int(char_value[char.find(vin[10])]) * int(weights.split(',')[10])
v11=int(char_value[char.find(vin[11])]) * int(weights.split(',')[11])
v12=int(char_value[char.find(vin[12])]) * int(weights.split(',')[12])
v13=int(char_value[char.find(vin[13])]) * int(weights.split(',')[13])
v14=int(char_value[char.find(vin[14])]) * int(weights.split(',')[14])
v15=int(char_value[char.find(vin[15])]) * int(weights.split(',')[15])
v16=int(char_value[char.find(vin[16])]) * int(weights.split(',')[16])
sum=v0 + v1 + v2 + v3 + v4 + v5 + v6 + v7 + v8 + v9 + v10 + v11 + v12 +\
    v13 + v14 + v15+v16
remain=sum % 11
```

```python
            if remain == 10:
                remain = 'X'
            if str(remain) != vin[8]:
                result_text = f"VIN码第9位校验错误,请输入正确的VIN码!"
                result_label.config(text=result_text)
                return None
        else:
            # VIN码校验正确后,解析地区标识符和制造年份
            region_code = vin[0]                              # 获取VIN码的第1位,即地区标识符
            region_index = region_str.find(region_code)       # 查找地区标识符在字符串中的索引
            region = region.split(',')[region_index]          # 使用索引从地区列表中获取车辆生产
                                                              # 地理区域


            # 解析制造年份
            year_code = vin[9]                                # 获取VIN码的第10位,是年份码
            year_index = cycle.find(year_code) + 1            # 年份码在字符串中索引,计算制造年份
            year = f'20{year_index:0>2}'                      # 字符串的格式化制造年份输出


            # 显示结果
            result_text = f"这辆车是在{region_result}制造的,制造年份为{year}年"
            result_label.config(text=result_text)


# 创建主窗口
root = tk.Tk()
root.title("VIN码解析工具")                                    # 设置窗口标题
root.option_add("*Font", custom_font)                          # 应用自定义字体


# 创建并放置输入提示标签
label = tk.Label(root, text="请输入VIN码:", font=custom_font)
label.pack()


# 创建并放置输入框
entry = tk.Entry(root)
entry.pack()


# 创建并放置解析按钮,点击后调用decode_vin()函数
button = tk.Button(root, text="解析VIN码", command=decode_vin, font=custom_font)
button.pack()
```

# 创建显示结果的标签
result_label=tk.Label(root,text="")
result_label.pack()

# 运行 GUI 主循环,等待用户操作
root.mainloop()

上述代码的运行结果如图 3.4 所示:

图 3.4　VIN 码解析界面

输入 VIN 码:LE4ZG8DB7ML673668,点击"解析 VIN 码"按钮,输出结果如图 3.5 所示:

图 3.5　VIN 码解析结果

练 习

一、单项选择题

1. 车辆 VIN 码的用途是(　　)。
   A. 标识车辆的所有者　　　　　　B. 标识车辆的保险信息
   C. 唯一识别车辆　　　　　　　　D. 标识车辆的颜色

2. 在车架号 "LE4ZG8DB7ML673668" 字符串中,如果要提取出"7M"子串,那么正确的切片方法是(　　)。
   A. str[7:9]　　　　　　　　　　B. str[8:9]
   C. str[8:10]　　　　　　　　　 D. str[-8:-9]

3. 下面哪个选项不可以在 Python 中判断一个字符串是否包含指定的子字符串?
   A. contains()　　B. in　　C. find()　　D. index()

4. 假设车辆的 VIN 码为字符串"1GNEK13Z82R123456",其中的校验位是'X'。以下哪个表达式所代表的字符串位可以用于检查 VIN 码的正确性?
   A. f"{vin[8]}"　　　　　　　　　B. f"{vin[9]}"
   C. f"{vin[-8]}"　　　　　　　　 D. f"{vin[-7]}"

二、编程题

1. 中国标准的声音——国标代号解析设计

早在先秦时期,我国就有了"车同轨,书同文"这种统一标准的理念,无论是在交通运输还是在文字书写方面,都体现了对统一标准的追求和重视,强调了统一规范对社会、经济和文化的重要性。中国国家标准的编号由国家标准代号、标准发布顺序号和标准发布年代号(四位数)组成。常见的国家标准代号分为强制性国家标准(GB)以及推荐性国家标准(GB/T)。例如《智能制造 机器视觉在线检测系统测试方法》(GB/T 42980—2023)可以描述为2023年发布的顺序号为42980的关于"智能制造 机器视觉在线检测系统测试方法"的国家推荐性标准。请设计程序,实现给定标准全称,输出其正确的描述。如图3.6所示,实现其可视化界面。

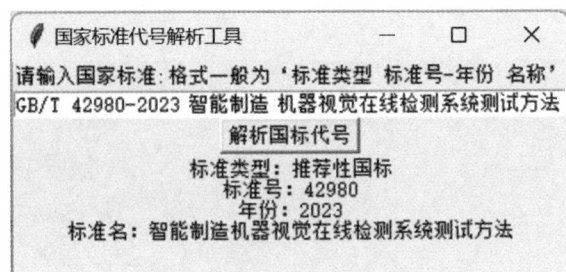

图3.6 国标代号解析工具界面

2. 科技先锋的力量——科研论文题目转换

中国科学技术信息研究所发布的《中国科技论文统计报告2023》显示,2022年,中国在各学科最具影响力期刊上发表的论文数为16 349篇,占世界总量的30.3%,首次超过美国排名世界第1;热点论文数量世界排名保持第1位,高被引论文数量继续保持世界第2位。按第一作者、第一单位统计分析结果显示,中国发表高水平国际期刊论文9.36万篇,占世界总量的26.9%,被引用次数为64.96万次,论文发表数量和被引用次数均位列世界第一。论文发表数量一定程度上代表了国家科技实力及成长上限,取得以上成绩离不开各领域内的科研工作者科学、严谨、创新的精神。

发表论文时往往需要按照一定格式处理论文的英文标题及英文参考文献的标题。给定论文的题目,请设计程序,实现标题的格式化输出,要求除首字母以及字母数小于5个的介词、冠词和连词使用小写字母外,其余单词的首字母包括连字符后面的完整单词都要大写。例如1984年中国科学家在人工智能领域的第一篇学术论文,由张钹院士和张铃老师成功发表于人工智能领域顶级国际期刊 *IEEE Transactions on Pattern Analysis and Machine Intelligence* 上,题目为"planning collision-free paths for robotic arm among obstacles",请按照要求转换该英文题目为"Planning Collision-Free Paths for Robotic Arm Among Obstacles"。如图3.7所示,实现其可视化界面。

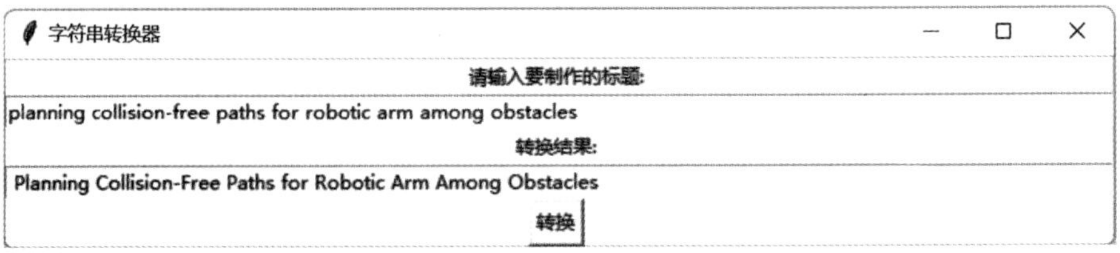

图3.7 字符串转化器

项目4　迭代创新——个性化窗帘创新设计

　　Python 语言一直秉承效率与规范兼具的代码风格,这与其模块化的函数设计理念密切相关。本项目借助内置的 Turtle 库绘制个性化窗帘,通过两个任务来展示 Python 中模块化设计的魅力。任务1从简单的正多边形图案绘制到融入随机数设计多彩的多边形;任务2通过进一步融入递归思想设计别样的图案。读者通过两个任务的练习基本能够掌握函数式编程的相关知识,并通过规范性的功能函数设计解决各自领域内的实际问题。另外,Turtle 库是经典内置库,可以作为编程思想启蒙工具,感兴趣的读者可以通过项目拓展更加深入地学习、实践。

学习目标

1. 知识目标

掌握函数的定义与调用;

掌握函数参数及参数的传递方法、匿名函数的使用;

了解函数的递归。

2. 能力目标

提升模块化编程能力;

提升项目集成能力及规范化设计能力。

3. 素质(思政)目标

通过个性化窗帘里"方圆"元素的融入,深入了解我国文化底蕴,学习古代及现代方圆设计元素与哲学思想,提高自身文化站位,站位在中国崛起、中华文明与世界文明互鉴的国际大环境中,站位在中华文化的千年视野里剖析、解决遇到的问题。

通过完成时钟设计,深入了解我国文化中对"时间"的认识过程,养成良好的时间观念。

学习重难点

1. 学习重点

掌握 turtle 库与 random 库的基本知识,学会运用两个库的常用方法;

掌握函数的定义与调用方法、参数的传递方式;

掌握递归函数的设计,认识匿名函数。

2. 学习难点

参数传递的使用;

递归思想的理解。

案例

模块化设计思想深入每个工程人的骨髓，无论是新产品开发，还是原有架构的更新迭代，模块化设计思想提高了企业发展效率。模块化作为一种现代化的设计方法广泛应用于 Python 等各编程语言中，这个概念最早起源于生产制造行业，对工业技术发展具有重要作用。如今这个概念已经被各行各业衍生应用，在各种开发设计环节大量运用了这种思想。所谓的模块化设计，简单地说就是将产品的某些要素组合在一起，构成一个具有特定功能的子系统，将这个子系统作为通用性的模块，可以与其他产品或要素进行多种组合，生成具有不同功能或应用的产品。模块化思想在智能建造、智能设计、智能生产、智慧城市、智能管理等各方面都有所应用，大大提高了效率。

近几十年，我国建筑业发展迅速，产业规模不断扩大，建造技术不断突破。2020 年 7 月 3 日，住房和城乡建设部、国家发展改革委、科技部等 13 部门联合印发了《关于推动智能建造与建筑工业化协同发展的指导意见》，提出大力发展装配式建筑，推动建立以标准部品为基础的专业化、规模化、信息化生产体系。基于市场和发展的双重需求，装配式模块建筑建设技术获得了越来越多的关注和认可。大部分建筑生产工作从传统的现场作业转变为异地制造生产，实现了建筑业与制造业的初步融合，给未来的建造技术的发展带来了新的转型机遇和创新空间。

模块建筑是指采用工厂预制的集成模块在施工现场组合而成的装配式建筑。其中集成模块是指具有建筑使用功能的三维空间集成建筑单元。该建筑单元在工厂预制完成，是由主体结构、楼板、吊顶、设备管线、内装部品组合而成的具有集成功能的三维空间体，能满足各项建筑性能要求和吊装运输的性能要求。

由于模块建筑建造技术的运用，每个模块从起吊到安装仅需要 8~10 名技术工作人员，且每个模块都由同一批技术人员安装完成，建筑施工现场所需工人数量较传统施工大幅减少，施工建造质量更加稳定可靠。模块建筑可以实现 80%~90% 的建筑建造和部品安装工序在工厂完成，在建筑整体质量和工业化程度方面实现了质的飞跃，是一种资源消耗少，环境影响小的建筑体系。

2008 年，中国建筑设计研究院在国内最早开始针对高层模块建筑在国内的应用开展可行性研究以及试验研发工作，并相继与威信广厦模块住宅工业有限公司、中集模块化建筑投资有限公司、上海迅铸建筑科技股份有限公司等企业合作，已完成镇江港南路公租房、雄安市民服务中心企业临时办公区、深圳市第三人民医院二期工程应急院区医护人员公寓等项目，并完成《钢骨架集成模块建筑技术规程》(T/CECS 535—2018)、《箱式钢结构集成模块建筑技术规程》(T/CECS 641—2019)等技术标准的编制工作，进一步促进了模块建筑在国内的应用推广。

智能建造旨在建造过程中充分利用智能技术和相关技术，通过应用智能化系统，提高建造过程的智能化水平，减少对人的依赖，达到安全建造的目的，提高建筑的性价比和可靠性。其包含的智能测绘、智能设计、智能施工、智能运维管理等内容也已经在众多企业中开展了不同层面的研发创新工作。模块建筑也在此背景下得到更多跨领域从业者和投资者的青睐。

模块化设计思想应用在我们身边的方方面面,大到我国战斗机、航天器、空间站等,小到各行各业如汽车研发与装配平台的模块化、工业 4.0 智能工厂的模块化生产与运维、各职能部门的模块化管理与人力资源配置等都蕴含着模块化的思想。在 Python 语言中,来自各行各业的 Python 开发者和使用者都在自己的岗位上构建功能强大的知识模块,他们借助开源的力量将各自领域内深耕的经验封装为功能模块,有效助力了各行各业的发展。

项目引入

方与圆是几何图形中最为基础的两种,作为人类对世界抽象认识的结果,它们的历史可谓十分悠久。早至石器时代,人们建造的原始房屋就有着方圆两种形状,甚至有方圆结合的现象。除了造型之外,经典的几何图形同样出现在陶器等器物上。自然,方与圆也成了后代许多工艺美术作品造型的基础选择,青铜鼎、陶瓷瓶、漆木盒等都有方圆之分,晋朝潘尼写扇,还提到扇子有安众扇、五明扇两种——安众以方为体,五明以圆为质。"圆者中规,方者中矩。"方与圆并非随手就成,反而要依照严格的尺度和工具。除了美学价值之外,人们还在这两种基础图形上赋予了更厚重的意义。衣饰中明代儒士的四方平定巾、青铜器中的经典方鼎后母戊鼎、自秦以来封建王朝权力的象征玉玺、传统建筑四合院、古代家居中的"月洞门"架子床、明式家具圈椅等都蕴含着方圆的设计元素。

造物文化对于方圆的运用恰如美学家宗白华先生所说:中国人的个人人格、社会组织以及日用器皿,都希望在美的形式中,作为形而上的宇宙秩序,与宇宙生命的表征。这是中国人的文化意识,也是中国艺术境界的最后根据。美生而有形,但成于无形。

根据中国优秀的方圆文化,利用 Python 函数设计并绘制窗帘,要求将窗帘图案设计成随机的正多边形、雪花或其他符合"方圆文化"的图形,示例效果如图 4.1 所示。

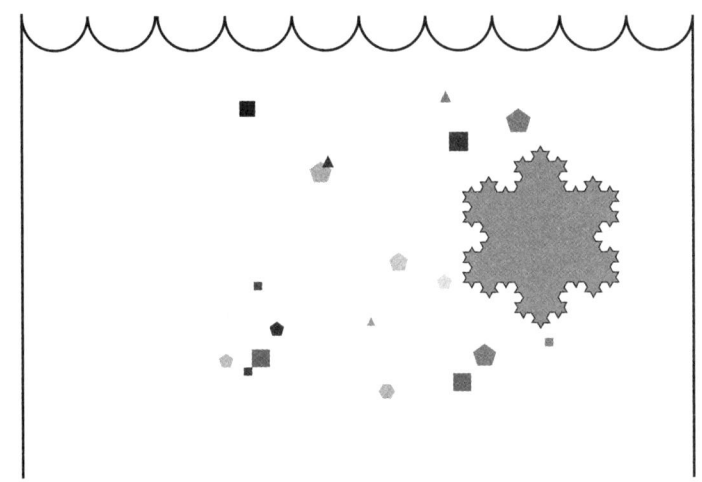

图 4.1 创意窗帘示意效果图

项目分析

本项目需要完成以下 2 个任务：

任务 1　正多边形的绘制：给定边数及边长利用函数实现正多边形的绘制；

任务 2　其他图形的模块化绘制：设计实现更加丰富的图形的绘制（科赫曲线、其他样式），调整窗帘样式及花色点缀实现窗帘的创意设计。

本项目涉及的知识点如图 4.2 所示。

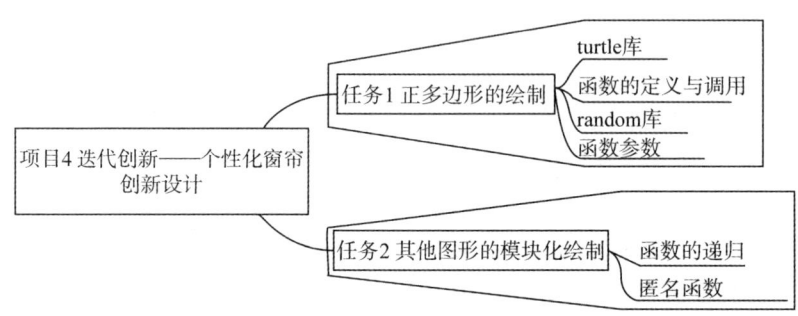

图 4.2　个性化窗帘创新设计项目的知识架构图

4.1　正多边形的绘制

4.1.1　任务引入

使用 turtle 库以及函数实现给定边数及边长绘制正多边形。设计绘制区域，将绘制的多个不同的正多边形添加上随机的颜色，随机放置在画布的不同位置以增强视觉效果。

4.1.2　知识储备

1. turtle 库的使用

turtle 库是 Python 的一个标准库，用于绘制图形。它提供了一个简单的绘图窗口以及一支画笔来绘图，画笔可以控制其展示形状，可以将其形状设置为海龟（turtle）来绘制图形。以下是 turtle 库的一些常用函数。通过这些方法可以实现本任务中所要求图形的绘制。

（1）库的引用

可以直接引用 turtle 库，使用"turtle.函数名"调用其下的各种函数以实现各种功能。

```
import turtle                    # 引用 turtle 库
turtle.forward(20)               # 控制海龟往前走 20 像素
```

也可以使用别名替代 turtle 库名，调用函数时使用"简化名.函数名"。

```
import turtle as t              # 此处 t 为 turtle 的别名
t.forward(20)                   # 控制海龟往前走 20 像素
```

也可以全部引用所有功能方法,这样可以简化函数调用。

```
from turtle import *            # 从 turtle 库中引用所有函数
forward(20)                     # 因为函数已经被全部引用,所以可以直接使用函数名
backward(20)                    # 控制海龟往后走 20 像素
```

虽然 from turtle import * 可以实现直接访问 turtle 库中的所有函数和变量,但是这种引用方式存在一些潜在的坏处。第一,可能会导致命名空间污染。使用 * 操作会将 turtle 库中的所有名称引入当前命名空间,这可能导致命名冲突和不可预测的行为,尤其是当在代码中使用了其他库时可能会导致冲突。第二,可读性下降。当阅读代码时,无法轻易确定某个函数或变量来自哪个库,因为它们都被直接引入了当前命名空间。第三,维护困难。在较大的项目中会增加代码的维护难度,因为它会导致代码的依赖性不明确,使得难以跟踪和理解代码的来源。

为避免全部引用带来的潜在危险,可以使用以下方法单独引用某个函数:

```
from turtle import forward      # 从 turtle 库中引用所有函数
forward(20)                     # 因为函数已经被全部引用,所以可以直接使用函数名
backward(20)                    # 因为没有引用 backward() 函数而报错
```

(2) 海龟移动与图形绘制

可以通过 forward()、backward()、right()、left() 函数控制海龟的前进、后退、右转及左转。海龟初始状态处于零点,坐标为(0,0),头朝右。其布局图如图 4.3 所示。

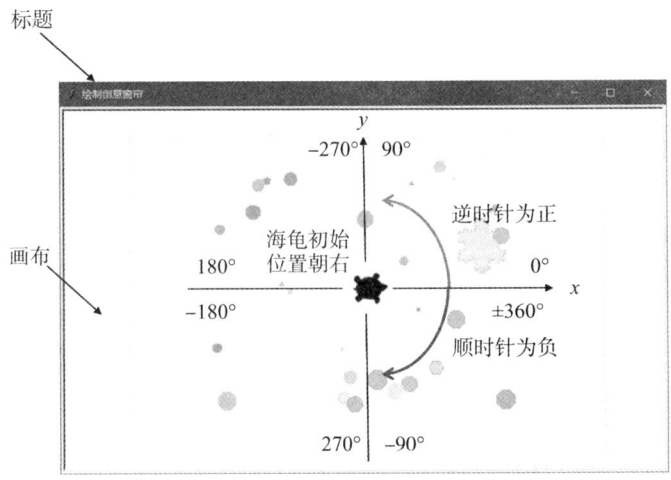

图 4.3　turtle 画布布局图

可以通过 turtle.circle() 函数绘制圆形或弧形。circle() 函数中有三个参数：radius、extent 以及 steps。绘制整圆时，后两个参数可以省略。

radius 表示半径参数，即以 radius 参数传入的值为半径绘制圆形。

extent(可选)表示绘制圆弧的角度，默认为 360°，表示绘制完整的圆。

steps(可选)表示绘制圆弧时的步数，即绘制圆弧时的直线段数目，默认时自动计算。这个参数越大，绘制的圆弧越平滑，但同时也会增加绘制的时间。

turtle.done() 函数用于让窗口保持显示状态，直到手动关闭窗口。它使得绘图窗口能够一直保持打开状态，以便查看绘制的图形。通常情况下，在调用了需要绘制图形的 turtle 绘图函数之后，会调用 turtle.done() 函数来保持窗口显示，这样就能够看到绘制的图形了。

```
import turtle as t            # 从 turtle 库中引用所有函数，起别名为 t
t.forward(20)                 # 也可以使用 t.fd(20)实现
t.backward(20)                # 也可以使用 t.bk(20)实现
t.right(50)                   # 控制海龟右转 50°，也可以使用 t.rt(50)实现
t.left(50)                    # 控制海龟左转 50°，也可以使用 t.lt(50)实现
t.setheading(50)              # 控制海龟朝向＋50°方向(x 方向为 0°，逆时针为正)
t.seth(-50)                   # 朝向－50°方向，此方法与 t.setheading(50)一样
t.circle(50,180,30)           # circle(半径，逆时针旋转的角度，绘制的步数)
t.done()                      # 保持绘图窗口显示，直到手动关闭窗口
```

如果要绘制一个正方形，那么可以通过以上海龟控制方法实现。代码如下：

```
import turtle as t            # 从 turtle 库中引入所有函数，起别名为 t
for i in range(4):
    t.fd(100)                 # 往前行走 100 像素，绘制出每条边
    t.rt(90)                  # 右转 90°，循环控制正方形每个拐角
```

代码效果如图 4.4 所示。

（3）海龟状态与画笔样式控制

turtle 库可以支持设置海龟（画笔）抬起或落下，从而控制海龟行走时是否在画布上留下痕迹。当海龟状态为抬起状态时，其所有移动控制不会在画布上留下痕迹；当海龟状态为落下状态时，其所有移动控制会在画布上留下痕迹。

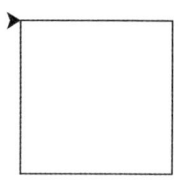

图 4.4　正方形的绘制

turtle.pencolor(color) 函数用于设置海龟绘制的线条颜色。参数 color 可以是一个颜色字符串，表示线条的颜色。常见的颜色字符串可以是预定义的颜色名称（如"red""blue""green"等），也可以是由十六进制表示的颜色代码（如"♯RRGGBB"），还可以是 RGB 颜色。

turtle.colormode() 函数用于设置 turtle 库中颜色的模式。默认情况下，颜色模式为

255,表示 RGB 颜色值的范围为 0～255。可以通过调用 colormode()函数并传入 1 将颜色模式设置为 1.0,表示 RGB 颜色值的范围为 0～1。

常见的颜色对照如表 4.1 所示。

表 4.1 颜色对照表

颜色名称	颜色字符串	RGB 值	十六进制颜色代码
黑色	black	(0,0,0)	#000000
白色	white	(255,255,255)	#FFFFFF
红色	red	(255,0,0)	#FF0000
绿色	green	(0,255,0)	#00FF00
蓝色	blue	(0,0,255)	#0000FF
黄色	yellow	(255,255,0)	#FFFF00
青色	cyan	(0,255,255)	#00FFFF
品红色	magenta	(255,0,255)	#FF00FF
灰色	gray	(128,128,128)	#808080
银色	silver	(192,192,192)	#C0C0C0
褐红色	maroon	(128,0,0)	#800000
橄榄色	olive	(128,128,0)	#808000
海军蓝	navy	(0,0,128)	#000080
紫色	purple	(128,0,128)	#800080
水鸭绿	teal	(0,128,128)	#008080
橙色	orange	(255,165,0)	#FFA500

turtle 库支持控制海龟(画笔)的抬起与落下的状态、画笔的尺寸等,示例代码如下:

```
t.penup()                    # 控制画笔抬起,也可以使用 t.up()实现
t.pendown()                  # 控制画笔落下,也可以使用 t.down()实现
t.pensize(10)                # 控制画笔的轮廓线宽(width)为 10,该参数可以是任意正数
t.colormode(255)             # 默认是 255 模式,若使用 0～1 的颜色范围可以设置为 1.0
t.pencolor((255,255,255))    # 设置轮廓颜色的模式
t.pencolor("#FF0000")        # 使用十六进制颜色来设置画笔轮廓颜色
t.pencolor("red")            # 使用颜色字符串来设置画笔轮廓颜色
```

fillcolor()函数用于设置填充颜色,填充颜色用于填充形状的内部。可以使用颜色名称、RGB 值或十六进制颜色代码指定填充颜色。

color()函数可以接受多个参数来设置画笔颜色和填充颜色,其中每个参数可以是颜色名称、RGB 值或十六进制颜色代码。如果传入两个颜色,那么第一个参数设置画笔颜色,第二个参数设置填充颜色。

要传入 RGB 值,可以使用一个元组(即小圆括号)来表示。元组的三个元素分别表示

红色、绿色和蓝色通道的值,范围为 0~255。

```
t.fillcolor((255,255,255))        # 设置轮廓的填充颜色,使用小圆括号(元组类型)括起来
t.color((255,255,200),(0,0,5))    # 传入两个元组类型,表示轮廓色与填充色
```

填充颜色往往在封闭图形上进行填充,一般使用 begin_fill()函数开始填充,之后绘制封闭图形,最后使用 end_fill()函数结束填充。在 turtle 库中,如果绘制的图形不是封闭的,那么函数将无法正确填充区域。

如果对上一步中绘制的正方形设置红色的轮廓颜色及蓝色的填充颜色,那么如何实现呢?示例代码如下:

```
import turtle as t              # 从 turtle 库中引用所有方法,起别名为 t
t.color("red", "blue")          # 利用颜色字符串设置轮廓颜色和填充颜色
t.begin_fill()                  # 设置开始填充
for i in range(4):
    t.fd(100)                   # 往前行走 100 像素,绘制出每条边
    t.rt(90)                    # 右转 90°,循环控制正方形每个拐角
t.end_fill()                    # 设置结束填充
```

代码效果如图 4.5 所示。

图 4.5　轮廓色与填充色的设置

如果在原地绘制一个设置了颜色的正方形之后,那么如何在另一个位置也绘制正方形呢?

可以使用 goto()函数控制海龟移动到某个坐标。

```
t.goto(100,100)                 # 移动到坐标为(100,100)的地方,初始位置为(0,0)
```

可以通过 up()函数和 down()函数方法控制海龟移动到坐标为(100,100)的位置继续绘制另一个正方形。代码如下:

```
import turtle as t              # 从 turtle 库中引用所有方法,起别名为 t
t.color("red", "blue")          # 利用颜色字符串设置轮廓颜色和填充颜色
t.begin_fill()                  # 设置开始填充
for i in range(4):
    t.fd(100)                   # 往前行走 100 像素,绘制出每条边
```

```
        t.rt(90)                  # 右转 90°,循环控制正方形每个拐角
    t.end_fill()                  # 设置结束填充
    t.up()                        # 控制海龟移动,不留下痕迹
    t.goto(100,100)               # 移动位置
    t.down()                      # 控制海龟落下,留下痕迹
    t.color("blue","red")         # 利用颜色字符串设置轮廓颜色和填充颜色
    t.begin_fill()                # 设置开始填充
    for i in range(4):
        t.fd(100)                 # 往前行走 100 像素,绘制出每条边
        t.rt(90)                  # 右转 90°,循环控制正方形每个拐角
    t.end_fill()                  # 设置结束填充
```

上述代码实现了在原点和另一个坐标绘制 2 个颜色设置不一样的正方形。其效果如图 4.6 所示。

请思考,如果设置随机颜色填充,那么该怎么实现呢?

随机数可以使用 random 库来实现。random 库是 Python 的标准库之一,用于生成随机数和随机选择元素。它提供了各种功能,包括生成随机数、随机选择列表元素、打乱列表顺序等,可以用于模拟、游戏开发、密码学等领域。这里只简单介绍其生成指定范围的随机整数功能。

random.randint(a,b)函数用于生成一个指定范围的随机整数,范围包括参数 a 和 b。参数 a 表示范围的下界,参数 b 表示范围的上界。函数将返回一个在 [a,b] 区间内的整数。例如可以使用该函数生成一个随机的 RGB 颜色。代码如下:

图 4.6 2 个正方形的绘制效果

```
import turtle as t             # 从 turtle 库中引用所有方法,起别名为 t
import random                  # 引用 random 库
r=random.randint(0,255)        # 从 0~255 生成一个随机整数作为 RGB 颜色的 R 颜色
g=random.randint(0,255)        # 从 0~255 生成一个随机整数作为 RGB 颜色的 G 颜色
b=random.randint(0,255)        # 从 0~255 生成一个随机整数作为 RGB 颜色的 B 颜色
t.color("blue",(r,g,b))        # 利用随机的 RGB 颜色设置轮廓颜色和填充颜色
t.begin_fill()                 # 设置开始填充
for i in range(4):
    t.fd(100)                  # 往前行走 100 像素,绘制出每条边
    t.rt(90)                   # 右转 90°,循环控制正方形每个拐角
t.end_fill()                   # 设置结束填充
```

注意:因为 R、G、B 为随机值,本例生成的填充颜色每次运行结果可能不同。其实现结果如图 4.7 所示。

图 4.7 使用 random 随机填充颜色

请思考,如果是在随机位置绘制任意多个、随机颜色的正方形,那么该怎么实现呢?继续使用以上代码会使得代码数量急剧增多。

绘制正方形、设置随机颜色等操作有一定的重复性。Python 中使用函数来实现功能模块的复用,函数的使用是一种模块化设计思想,能大大简化上述问题。

2. 函数

函数是一种用来执行特定任务的代码块,可以被多次调用并且可以接受参数和返回值。

(1) 函数的定义与调用

函数的定义规则如以下代码所示:

```
def function_name(parameters):        # 使用 def 关键字来定义函数
    """docstring"""                   # 函数的文档字符串,用于描述函数的作用和用法
    # function body                   # 函数体是主要功能的实现代码
    return value                      # 可选的返回值,用于将结果返回给调用者
result=function_name(arguments)       # 调用函数,其中 result 将获得函数的返回值
```

其中 function_name 为遵循 Python 语言语法规则的函数名,括号内的 parameters 指的是函数体内要用到的参数,函数的参数可以是零个或多个,也可以是默认参数、可变参数和关键字参数。详细内容见函数的参数传递部分内容。

以在给定边长、边数以及颜色设置参数的前提下绘制多边形为例,函数的定义与调用如下:

```
import turtle as t        # 从 turtle 库中引用所有方法,起别名为 t
import random              # 引用 random 库
'''
使用 def 定义 draw_polygon 函数,指定其 3 个参数
side_num 表示需要传入要绘制的多边形的边数参数
length 表示需要传入要绘制的多边形的边长参数,并且使用"="设置了默认值
color 表示需要传入一个具备两个字符串类型元素的元组(即小括号括起来的类型)
```

传入 color 可以很方便地在调用函数时,指定两个颜色用于轮廓和填充颜色的设置
'''
```
def draw_polygon(side_num, length=20, pencolor='red', fillcolor='blue'):
    t.color(pencolor, fillcolor)         # 设置轮廓色与填充色为给定的参数
    if side_num<3:                        # 判断是否边数小于3,不构成多边形
        print('error')                    # 若给定的边数小于3,则打印错误
        return 0                          # 函数可以有返回值,遇到return之后立即终止
    sum_angel=(side_num-2)*180            # 计算多边形的内角和
    left_angel=180-sum_angel/side_num     # 计算多边形内角的补角,获得海龟转弯角度
    # 循环绘制多边形的每条边
    for i in range(side_num):
        t.forward(length)
        t.left(left_angel)
draw_polygon(5, length=100)               # 调用函数,颜色没有指定,按照默认参数执行
t.done()                                   # 控制绘图窗口不会立即消失
```

该程序中,通过 def 关键字定义了函数名为 draw_polygon 的函数,函数中给定了 3 个参数,side_num 表示给定多边形的边数,length 表示边长,pencolor 和 fillcolor 表示绘制图形的轮廓颜色以及填充颜色。需要注意的是,函数定义完成之后不会自动调用,需要通过 draw_polygon(5, length=100)指定需要的函数参数来执行函数的内容。

函数中 return 表示函数的返回值。函数的返回值是指函数执行完成后,返回给调用者的结果或值。在 Python 中,函数可以使用 return 语句来指定返回值。当函数执行到 return 语句时,它将立即停止执行,并将指定的值返回给调用者。该程序中若判断给定的边数小于3,则无法绘制边数小于3的多边形,因此程序返回 0 并立即停止。函数可以返回任何类型的值,包括整数、浮点数、字符串、列表、元组、字典,甚至是其他函数或对象。如果函数没有明确的 return 语句,那么它将隐式返回 None 值。

该程序运行之后的效果图如图 4.8 所示。

图 4.8 使用函数及其指定的参数生成多边形

(2) 函数的参数传递

函数在调用的时候传入的参数我们一般称之为实参,而函数在定义时指定的参数我们一般称之为形参,此时参数只是实现函数功能特定的标志符。

函数可以接受零个或多个参数。Python 中函数参数的类型可以是普通参数、默认参

数、可变参数和关键字参数等。详细的解释如下：

位置参数(必备参数)：按照位置顺序传递给函数的参数。如 side_num 就是按照位置传递的参数。

默认参数(可选参数)：在函数定义中给参数提供可选的默认值，调用函数时可以省略这些参数。如 length=20，pencolor='red'，fillcolor='blue'都是提供了默认值的默认参数。需要注意的是，位置参数必须在默认参数之前。一般设计函数时，将变化大的设置为位置参数，变化小的或不变的设置为默认参数。

可变参数：允许将不定数量的参数传递给函数。定义函数时使用"＊参数名"表示当函数被调用时可以传入任意个数(包括0个)的该参数。

关键字参数：关键字参数扩展函数的功能。其允许在函数调用时指定参数的名称。定义函数时使用"＊＊参数名"表示当函数被调用时可以传入任意个数(包括0个)的包含参数名的参数，这些参数在函数内部自动组装为一个字典，关于字典的学习可参考本书项目6。

4.1.3 任务实施

回到任务，为了将相同功能的代码复用起来，降低总的代码量，如何使用函数完成任意位置、任意数量、任意大小、任意颜色设置的任意边数的正多边形的绘制呢？

可以通过 random 库获得任意位置坐标作为海龟移动的目的地，需要指定多边形的数量、大小以及边数作为函数的参数，需要生成随机的 RGB 颜色，示例代码如下：

```python
import turtle as t              # 从turtle库中引用所有方法,起别名为t
import random                   # 引用random库
# 定义函数,实现给定下限和上限返回它们之间的随机整数
def get_int(low=0, high=255):
    return random.randint(low, high)   # 实现下限到上限的随机整数的返回
# 定义函数,实现返回指定范围的随机坐标
def get_pos():
    x=get_int(-200, 200)        # 调用函数,获得-200~200内的随机整数
    y=get_int(-150, 150)
    return x, y                 # 返回值为两个值,为小括号括起来的元组类型
# 定义函数,通过"飞起—移动到任意位置—落下"实现海龟的随机移动
def move_random():
    t.up()
    t.goto(get_pos())
    t.down()
# 定义函数,实现获得随机的RGB颜色
def get_color():
    r=get_int()
    g=get_int()
```

```
        b=get_int()
        return r,g,b                         # 返回小括号括起来的元组类型,具备 3 个元素
# 定义函数,实现多边形的绘制,参数中指定了边数以及边长
def draw_polygon(side_num, length=20):
    if side_num < 3:
        print('error')
        return 0
    move_random()                            # 调用函数,根据设定范围随机移动到一定坐标
    t.color(get_color(), get_color())        # 设置轮廓色和填充色为随机 RGB 颜色
    sum_angel=(side_num - 2) * 180
    left_angel=180 - sum_angel / side_num
    # 循环绘制多边形的每条边
    t.begin_fill()
    for i in range(side_num):
        t.forward(length)
        t.left(left_angel)
    t.end_fill()
num=10
t.colormode(255)                             # 设置颜色模式为 RGB255
for i in range(num):
    # 循环调用函数,实现绘制参数为 num 的个数的多边形
    draw_polygon(get_int(3, 8), length=get_int(20, 40))
t.done()
```

程序运行效果如图 4.9 所示。读者可以通过调整相关参数获得更加合理、美观的图案分布。尤其要注意的是,在调用 draw_polygon()函数时,传入的参数一般称为实参,而函数定义时的参数一般称为形参。

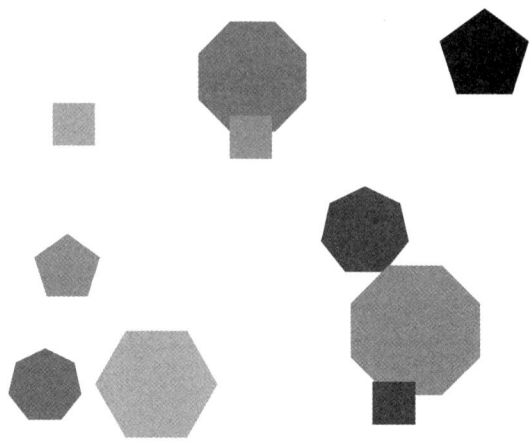

图 4.9　任务 1 效果图

4.2 其他图形的模块化绘制

4.2.1 任务引入

上一个任务已经完成了多边形的绘制,在此基础上还可以利用函数绘制更多更丰富的图案。

分形,具有以非整数维形式充填空间的形态特征,通常被定义为一个粗糙或零碎的几何形状。分形可以分成数个部分,且每一部分都(至少近似地)是整体缩小后的形状,即具有自相似的性质。分形几何学是一门以不规则几何形态为研究对象的几何学。由于不规则现象在自然界普遍存在,因此分形几何学又被称为描述大自然的几何学。分形几何学建立以后,很快就引起了各个学科领域的关注。不仅在理论上,而且在实用上分形几何学都具有重要价值。

科赫曲线是一种像雪花的几何曲线,所以又称为雪花曲线,是分形曲线中的一种。其画法步骤为:

(1) 任意画一个正三角形,并把每一条边三等分。

(2) 取三等分后的一边中间一段为边向外作正三角形,并把这"中间一段"擦掉。

(3) 重复上述两步,画出更小的三角形。

(4) 一直重复,直到无穷。

绘制效果如图 4.10 所示,可以看到科赫曲线的第四个图非常像雪花,我们的任务就是利用函数与海龟绘制科赫曲线。为进一步丰富窗帘图案,绘制雪花时要求实现雪花各轮廓边的颜色随机、填充色随机。

图 4.10 科赫曲线的绘制效果

4.2.2 知识储备

1. 函数的递归

函数的递归是指函数在其定义中调用自身的过程。在递归函数中,函数会反复调用自身,每次调用时都会解决一个规模更小的问题,直到满足边界条件,然后开始回溯并返回结果。递归是一种强大的编程技术,它常用于解决可以被拆分成相同或相似子问题的问题,例如树的遍历、阶乘计算、斐波那契数列等。

设计递归函数需要满足以下要求:

确定递归函数的终止条件。这是递归函数停止调用自身并返回结果的条件。

定义递归函数的基本情况。这是递归函数可以直接解决的小问题,通常与终止条件相关。

使用递归函数解决更复杂的问题。这是通过将问题分解为更小的子问题并调用递归函数来实现的。

```
def recursive_function(arg1, arg2, ...):
    """
    递归函数的示例
    参数:
    arg1, arg2, ...:递归函数的参数
    返回:
    递归函数的结果
    """
    # 终止条件:当满足某个条件时,递归将终止
    if condition:
        # 基本情况处理:当满足终止条件时,函数返回结果,表示递归过程的结束
        return result
    else:
        # 递归调用:如果不满足终止条件,那么进行递归调用
        sub_result1 = recursive_function(arg1, arg2, ...)
        sub_result2 = recursive_function(arg1, arg2, ...)
        # 处理子问题的结果,返回最终结果
        final_result = process_sub_results(sub_result1, sub_result2)
        return final_result
# 函数调用
result = recursive_function(initial_arg1, initial_arg2, ...)
```

观察科赫曲线,我们发现,如图 4.11 所示,该图形可以分为 3 部分,绘制完每部分之后通过海龟的旋转可以对其进行补齐并进行颜色填充。

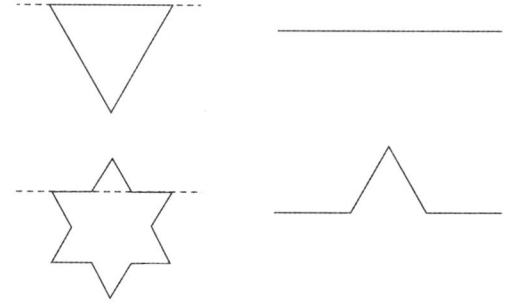

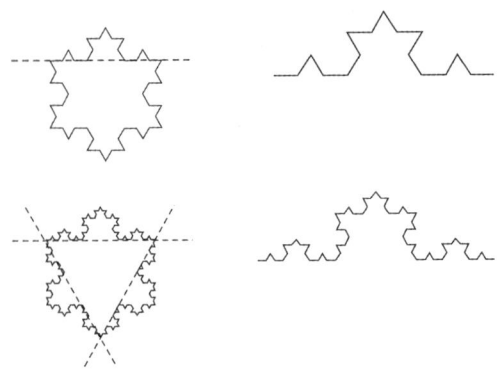

图 4.11 科赫曲线分析

按照递归的步骤,很明显第一条直线可以作为终止条件,即程序的递归以绘制直线结束。我们将第一条直线命名为 0 阶图形。观察图 4.11 第二列第二个图即一阶图形发现,在直线长度的三分之一处进行了等边三角形两条边的绘制。从总体来看,如图 4.12 所示,海龟直行绘制直线(上一阶的终止条件),左转 60°绘制直线,右转 120°绘制直线,左转 60°绘制直线。

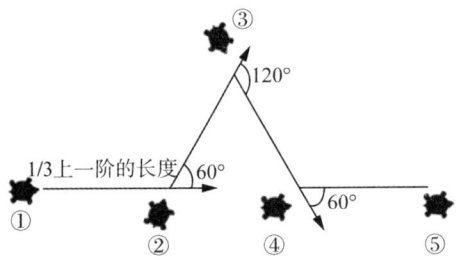

图 4.12 一阶科赫曲线的绘制

而绘制二阶图形时,将整个动作分为三段,两段之间通过相同的旋转角度衔接,不同的是每段海龟移动时绘制的图形变为了上一阶的图样形式,每段绘制的图形缩小到上一阶的三分之一。这里面涉及的类似功能可以通过典型的函数递归调用即函数复用来实现,实现效果如图 4.13 所示。

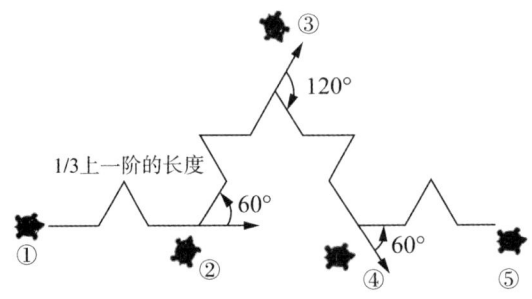

图 4.13 二阶科赫曲线的绘制

实现程序如下所示：

```python
def koch_curve(length, order):
    """
    递归绘制科赫曲线
    参数：
    t：turtle 对象
    length：当前线段的长度
    order：当前的迭代次数
    """
    # 终止条件：当满足某个条件时，递归将终止，这里指的是阶数为 0 时绘制直线并终止
    if order == 0:
        t.forward(length)
    # 递归步骤：将线段三等分，绘制科赫曲线
    if order > 0:
        # 第一段线
        koch_curve(length / 3, order - 1)
        t.left(60)
        # 第二段线
        koch_curve(length / 3, order - 1)
        t.left(-120)
        # 第三段线
        koch_curve(length / 3, order - 1)
        t.left(60)
        # 最后一段线
        koch_curve(length / 3, order - 1)
# 函数调用，通过位置参数传递
koch_curve(40, 2)
```

当进行程序调用时，通过传入不同的 order 参数即传入不同的阶数即可实现更高阶的科赫曲线绘制。上述程序中通过位置参数传递将 length 和 order 传给函数，实现了科赫曲线的绘制。

当绘制完成之后，可以通过随机颜色对轮廓颜色进行设置。

```python
import turtle as t
import random
# 省略了上文中出现的 get_color() 函数的定义
def koch_curve(length, order):
    """
    递归绘制科赫曲线
```

参数：
    t：turtle 对象
    length：当前线段的长度
    order：当前的迭代次数
"""
t.colormode(255)
t.pencolor(get_color())
# 终止条件：当满足某个条件时，递归将终止，这里指的是阶数为 0 时绘制直线并终止
if order == 0:
    t.forward(length)
# 递归步骤：将线段三等分，绘制科赫曲线
if order > 0:
    # 第一段线
    koch_curve(length / 3, order － 1)
    t.left(60)
    # 第二段线
    koch_curve(length / 3, order － 1)
    t.left(－120)
    # 第三段线
    koch_curve(length / 3, order － 1)
    t.left(60)
    # 最后一段线
    koch_curve(length / 3, order － 1)
# 函数调用，通过位置参数传递
koch_curve(300, 3)
```

实现效果如图 4.14 所示。

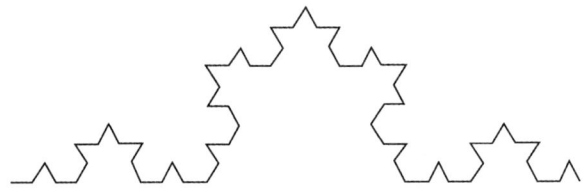

图 4.14　多彩科赫曲线的绘制

对其进行复用，可以实现科赫曲线的绘制，其代码如下所示：

```
def draw_koch_snowflake(length, order):   # 定义绘制雪花的函数
    t.colormode(255)   # 设置颜色模式为 RGB255
    t.color(get_color(),get_color())   # 设置轮廓色和填充色为随机颜色
    t.begin_fill()   # 开始填充
```
```

```
            for i in range(3):                    # 循环调用 3 次,封闭雪花图形
                koch_curve(length, order)         # 调用绘制科赫曲线的函数
                t.right(120)
            t.end_fill()
        # 调用绘制雪花的函数,通过位置参数传递
        draw_koch_snowflake(300, 3)
        t.done()                                  # 控制绘制窗口不消失
```

实现效果如图 4.15 所示。

图 4.15　由科赫曲线组成的多彩雪花实现效果

2. 匿名函数

上述代码中默认海龟转弯 3 次,每次转弯 120°(360°除以 3)。思考能否控制转弯次数呢?当然我们首先想到将转弯次数作为一个参数,用 360°除以转弯次数得到需要转弯的角度。这个计算比较简单,没有必要使用 def 定义特殊的函数来调用。当遇到这种情况时,匿名函数能够快速地在程序中完成所需的任务。

匿名函数,也称为 lambda 函数,是一种在 Python 中定义简单函数的方式。与使用 def 关键字定义的普通函数不同,lambda 函数可以在一行内定义,并且通常用于需要将传递函数作为参数的情况,或者用于需要一个临时函数的情况。

lambda 函数的一般形式如下:

lambda 参数:表达式

其中,参数是函数的参数,可以有多个参数,用逗号分隔;表达式是函数体,用于定义函数的返回值。注意,lambda 函数的函数体只能是单个表达式,不能是复杂的语句块。

例如在绘制雪花的程序中,num_rotations 即给定的参数,其返回表达式的值为转动的角度。程序中匿名函数的函数名被定义为 angel,与使用 def 定义的函数一样,调用时也要使用函数名并传入所需要的参数即可实现函数的功能。详细代码如下所示:

```
def draw_koch_snowflake(length, order, num_rotations):    # 定义绘制雪花的函数
    t.colormode(255)                                       # 设置颜色模式为 RGB255
    t.color(get_color(),get_color())                       # 设置随机轮廓色和填充色
```

```
            t.begin_fill()                              # 开始填充
            for i in range(num_rotations):              # 循环调用3次,封闭雪花图形
                koch_curve(length, order)               # 调用绘制科赫曲线的函数
                # 定义一个匿名函数,用于计算右转的角度
                angle=lambda num_rotations: 360 / num_rotations  # 匿名函数的定义
                t.right(angle(num_rotations))           # 匿名函数的定义
            t.end_fill()
        # 调用绘制雪花的函数,通过位置参数传递
        draw_koch_snowflake(300, 3, num_rotations=3)
        t.done()                                        # 控制绘制窗口不消失
```

该代码中为了实现复用几次科赫曲线来封闭雪花图形,传入了一个 num_rotations 参数。该参数控制着海龟需要转动几次回到原点来封闭雪花图形。为了计算每次转动的角度,程序中使用了匿名函数 lambda。

4.2.3 任务实施

根据知识储备中得到的信息,可以实现定制不同的科赫曲线。那么如何达到图 4.1 中不同的效果呢?为方便调试方形、圆形、雪花的大小及数量比例,有必要将设计的各个函数组合起来,进一步精简函数架构。那么,如何根据设计好的各个函数,实现窗帘图案的设计? 要求设计一个函数,根据指定的模式(方圆模式、雪花模式以及混合模式),指定的图形数量比例、大小、位置范围绘制窗帘图案。

以下是示例代码:

```
import turtle as t
import random
# 定义函数,实现给定下限和上限返回它们之间的随机整数
def get_int(low=0, high=255):
    return random.randint(low, high)
# 定义函数,实现返回指定范围的随机坐标
def get_pos():
    x=get_int(-200, 200)
    y=get_int(-150, 150)
    return x, y
# 定义函数,通过"飞起—移动到任意位置—落下"实现海龟的随机移动
def move_random():
    t.up()
    t.goto(get_pos())
    t.down()
# 定义函数,实现获得随机的RGB颜色
```

```python
def get_color():
    r = get_int()
    g = get_int()
    b = get_int()
    return r, g, b
# 定义函数，实现多边形的绘制，参数中指定了边数以及边长
def draw_polygon(side_num, length=20):
    if side_num < 3:
        print('error')
        return 0
    move_random()                    # 调用函数，根据设定范围随机移动到一定坐标
    t.color(get_color())             # 设置轮廓色为随机 RGB 颜色
    t.begin_fill()
    sum_angle = (side_num - 2) * 180
    left_angle = 180 - sum_angle / side_num
    # 循环绘制多边形的每条边
    for i in range(side_num):
        t.forward(length)
        t.left(left_angle)
    t.end_fill()
# 绘制科赫曲线
def koch_curve(length, order):
    t.colormode(255)
    t.pencolor(get_color())
    # 终止条件：当满足某个条件时，递归将终止，这里指的是阶数为 0 时绘制直线并终止
    if order == 0:
        t.forward(length)
    # 递归步骤：将线段三等分，绘制科赫曲线
    if order > 0:
        # 第一段线
        koch_curve(length / 3, order - 1)
        t.left(60)
        # 第二段线
        koch_curve(length / 3, order - 1)
        t.left(-120)
        # 第三段线
        koch_curve(length / 3, order - 1)
        t.left(60)
        # 最后一段线
        koch_curve(length / 3, order - 1)
```

```python
# 定义绘制雪花的函数
def draw_koch_snowflake(length, order, num_rotations):
    t.colormode(255)                        # 设置颜色模式为 RGB255
    t.pensize(2)
    t.color(get_color(), get_color())       # 设置轮廓色和填充色为随机颜色
    t.begin_fill()                          # 开始填充
    for i in range(num_rotations):          # 循环调用 3 次,封闭雪花图形
        koch_curve(length, order)           # 调用绘制科赫曲线的函数
        # 定义一个匿名函数,用于计算右转的角度
        angle = lambda num_rotations: 360 / num_rotations
        t.right(angle(num_rotations))
    t.end_fill()
# 定义绘制窗帘图案的函数
def draw_pattern(mode='poly', poly_num=30, poly_sides=(3, 8), poly_length=(5, 15),
                 snow_num=2, snow_length=(100, 200), order=(3, 3), num_rotations=(3, 3),
                 hybrid_num=30, snow_ratio=0.1):
    # 如果模式设置为 poly,那么绘制多边形
    if mode == 'poly':
        for i in range(poly_num):
            move_random()
            draw_polygon(get_int(poly_sides[0], poly_sides[1]),
                         get_int(poly_length[0], poly_length[1]))
    # 如果模式设置为 snow,那么绘制雪花
    if mode == 'snow':
        for i in range(snow_num):
            move_random()
            draw_koch_snowflake(length=get_int(snow_length[0], snow_length[1]),
                                order=get_int(order[0], order[1]),
                                num_rotations=get_int(num_rotations[0], num_rotations[1]))
    # 如果模式设置为 hybrid 即混合模式,那么根据指定的数量等参数绘制图案
    if mode == 'hybrid':
        snow = int(hybrid_num * snow_ratio)
        poly = hybrid_num - snow
        for i in range(snow):
            move_random()
            draw_koch_snowflake(length=get_int(snow_length[0], snow_length[1]),
                                order=get_int(order[0], order[1]),
                                num_rotations=get_int(num_rotations[0], num_rotations[1]))
        for i in range(poly):
            move_random()
```

```
            draw_polygon(get_int(poly_sides[0],poly_sides[1]),get_int(poly_length[0],
                         poly_length[1]))
# 相关设置以及函数调用
t.colormode(255)
t.tracer(0)
draw_pattern('hybrid',poly_sides=(3,6),
             poly_length=(5,15),
             snow_length=(100,150),
             order=(3,4),
             num_rotations=(3,3),
             hybrid_num=20,
             snow_ratio=0.05)
t.done()
```

上述程序的运行效果如图 4.16 所示：

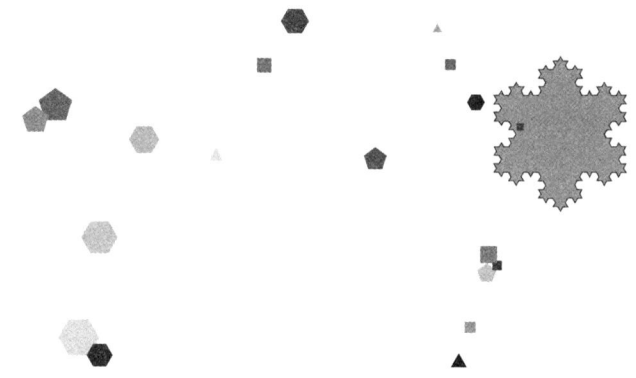

图 4.16 综合图案生成效果

再使用函数将窗帘外框及顶部装饰绘制出来，代码如下：

```
# 绘制窗帘顶部装饰
def draw_curtain_header(length=600,number=10):
    if length % number ！= 0:
        print("length/number 必须整除")
        return 0
    r=(length / number) / 2
    for i in range(number):
        t.pencolor(get_color())
        t.rt(90)
        t.circle(r,180)
        t.rt(90)
```

```
# 绘制窗帘外框
def draw_curtain(length=600,number=10):
    t.up()
    t.goto(-300,-200)
    t.down()
    t.lt(90)
    t.pencolor(get_color())
    t.forward(400)
    t.right(90)
    draw_curtain_header(length,number)
    t.rt(90)
    t.pencolor(get_color())
    t.forward(400)
    t.up()
    t.home()
    t.down()
t.colormode(255)
t.tracer(0)
draw_curtain(length=600, number=10)
t.done()
```

上述程序实现效果如图4.17所示。因为程序中有很多随机元素,所以每次生成的效果图不同。读者可以根据自己需求更改函数设计或相关参数,从而让效果更好。

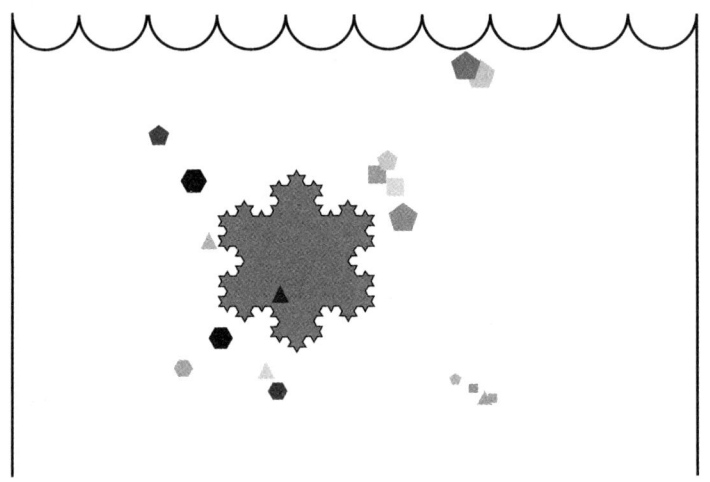

图4.17 最终效果图

项目总结

通过本项目个性化窗帘创新设计，读者可以对 turtle 库、random 库进行学习，熟悉函数的定义及调用方法，了解如何使用递归函数。可以发现一个完整的 Python 项目是基础功能的堆叠，函数增强了重复功能的复用性，模块化编程能够提高编程效率。基础功能实现之后，可以通过函数的修改、优化等不断迭代创新，函数的使用大大降低了程序设计的代码量。

项目拓展

上述任务实现了模块化编程，调用函数并设置参数就可以实现个性化定制窗帘及图案。turtle 库还支持事件的触发。如何实现鼠标左键单击调用绘制多边形的函数绘制随机的多边形呢？如何实现鼠标右键单击绘制科赫曲线呢？

实现程序如下：

```python
import turtle as t
import random
# 省略了其他用到的函数
# 定义绘制多边形函数，x，y 将获得单击时的坐标，此处未用到
def draw_polygon1(x, y):
    side_num=get_int(3,5)
    length=get_int(5,15)
    if side_num < 3:
        print('error')
        return 0
    move_random()                    # 调用函数，根据设定范围随机移动到一定坐标
    t.color(get_color())             # 设置轮廓色为随机 RGB 颜色
    t.begin_fill()
    sum_angle=(side_num - 2) * 180
    left_angle=180 - sum_angle / side_num
    # 循环绘制多边形的每条边
    for i in range(side_num):
        t.forward(length)
        t.left(left_angle)
    t.end_fill()
# 定义绘制雪花的函数
def draw_koch_snowflake(x, y):
    length=get_int(100, 200)
    order=get_int(3, 3)
    num_rotations=get_int(3, 3)
```

```
            t. colormode(255)                    # 设置颜色模式为RGB255
            t. pensize(2)
            t. color(get_color(), get_color())   # 设置轮廓色和填充色为随机颜色
            t. begin_fill()                      # 开始填充
            for i in range(num_rotations):       # 循环调用3次,封闭雪花图形
                koch_curve(length, order)        # 调用绘制科赫曲线的函数
                # 定义一个匿名函数,用于计算右转的角度
                angle=lambda num_rotations: 360 / num_rotations
                t. right(angle(num_rotations))
            t. end_fill()
# 准备画布
canvas=t. Screen()
canvas. bgcolor("white")
# 绑定鼠标左击事件
canvas. onclick(draw_polygon1, btn=1)
# 绑定鼠标右击事件
canvas. onclick(draw_koch_snowflake, btn=3)
```

在鼠标单击事件处理函数中,我们需要知道鼠标单击的位置,以便在该位置绘制多边形或雪花。在turtle库中,鼠标单击事件处理函数通常会接收鼠标单击位置的参数,这些参数通常被命名为x和y,分别表示鼠标单击的水平和垂直坐标。因此,在绑定鼠标单击事件时,使用canvas. onclick(draw_polygon1, btn=1)和canvas. onclick(draw_koch_snowflake, btn=3)中的draw_polygon1和draw_koch_snowflake函数,这些函数会自动接收鼠标单击的x和y坐标作为参数,从而确定绘制图形的位置。在turtle库中,btn参数用于指定哪个鼠标按钮触发事件。常用的鼠标按钮编号如下:

btn=1:左键单击事件;

btn=2:中键单击事件;

btn=3:右键单击事件。

上述单击事件程序使用的是随机数,若要实现在单击位置绘制图形,读者可以自己尝试修改代码。

turtle库支持的功能非常多,非常适合作为新手学习Python时的第一个学习资料。关于turtle库的更多参考资料及教程可以访问以下网址:https://docs. python. org/3/library/turtle. html。

拓展阅读

日晷漏刻知多少——现代时钟设计

日晷,本义是指太阳的影子。现代的日晷指的是人类古代利用日影测得时刻的一种

计时仪器,又称日规。其原理就是利用太阳的投影方向来测定并划分时刻,通常由晷针(表)和晷面(带刻度的表座)组成(图4.18)。利用日晷计时的方法是人类在天文计时领域的重大发明,这项发明被人类沿用达几千年之久。

图 4.18　中国日晷仪

水钟在中国又叫作刻漏或漏壶。根据等时性原理滴水计时有两种方法,一种是利用特殊容器记录把水漏完的时间(泄水型),另一种是底部不开口的容器,记录它用多少时间把水装满(受水型)。中国的水钟,最先是泄水型,后来泄水型与受水型同时并用或两者合一。公元85年左右,浮子上装有漏箭的受水型漏壶逐渐流行。

西欧人一直宣称,时钟制造业的第二次飞跃——机械钟的发明是由他们完成的。然而,在这些早期欧洲时钟问世数百年之前,聪明绝顶的中国古人就已经发明了机械钟。发明机械钟是为了满足精确记录诸多皇位继承人出生时刻的需要,这样,御用占星家们就能够确定天象对他们的影响,从中挑选最佳者继承皇位。中国人在几个世纪内开发了更为精确的水钟,其中包括一种不用水而使用水银的停表,但这些水钟仍然不能满足占星家们的特殊需要。北宋时期天文学家苏颂主持制造了水运仪象台,其不仅继承了中国汉、唐以来的天文学和机械学上的成就,同时还有创新。昼夜机轮就是世界上最早的天文钟,它所用的擒纵装置也被公认是世界上机械钟的祖先。

▽ 练 习

一、单项选择题

1. 当海龟为以下角度时,初始状态下哪个选项不可以实现?

  A. rt(225)　　　　B. lt(135)　　　　C. seth(135)　　　　D. seth(225)

2. 关于函数的说法中,下列哪个选项是错误的?

  A. 可以没有返回值　　　　　　　　B. 可以只有一个或多个返回值

  C. 可以没有参数或多个参数　　　　D. def fun(a=1,b)这种定义方法正确

3. 针对给定程序，下列哪个选项的说法是错误的？

```
import random
f=lambda low, high : random.randint(low, high)
print(f(2,3))
```

A. 程序可以打印 2 或 3
B. 程序只能打印 2
C. 该匿名函数有两个参数
D. 该匿名函数表达式调用了另一个函数

二、编程题

查阅资料，使用 turtle 库实现简单的钟表设计。要求秒针和分针按照时间转动相应的角度。效果图如图 4.19 所示。

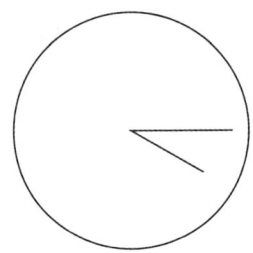

图 4.19　turtle 库实现会动的钟表效果

模块二

Python 进阶

　　模块二通过项目 5 和项目 6 融入了 Python 的基本结构、组合数据类型等知识。本模块 Python 进阶知识融入了智能交通监测中的车速检测及风险预警、智能制造中的刀具状态预测性维护等内容。读者通过学习可以快速掌握 Python 中常用的判断、循环等控制结构,快速掌握列表、元组、集合、字典等组合数据类型。

项目 5　智能交通——区间智能测速

目前，人工智能赋能各个行业，极大地促进了各个行业的发展。智能交通是典型的一个例子。例如应用人工智能算法进行交通流预测、控制、安全决策等。本项目以智能交通领域内的简单的区间测速问题引导读者学习借助 Python 语言实现实际问题的逻辑表达与处理。任务 1 借助随机库 random 获得车速并使读者快速了解任务逻辑；任务 2 利用 Python 的典型控制结构实现预警信息的输出；任务 3 为复杂条件下的车速控制任务，是控制结构的进阶内容。通过此项目的学习，读者能够快速实现控制结构学习，提升在面临不同领域内的实际问题时任务拆解与逻辑表达能力。

▼ 学习目标

1. 知识目标
了解程序的基本结构并绘制程序流程图；
掌握程序的分支结构；
掌握程序的循环结构；
掌握 random 库的使用方法；
了解程序的异常处理及用法。
2. 能力目标
能够理解和使用控制结构，编写出逻辑清晰、结构合理的 Python 程序；
能够通过运用控制结构，解决实际的编程问题。
3. 素质(思政)目标
能够锻炼逻辑思维能力，提高分析问题和解决问题的能力；
能够培养团队合作精神，提升沟通和协作能力。

▼ 学习重难点

1. 学习重点
运用 if 语句实现分支结构；
运用 for 语句和 while 语句实现循环结构；
random 库的使用方法。
2. 学习难点
控制结构的应用；
程序的异常处理。

案例

随着智能交通技术的不断发展和完善,区间智能测速系统已成为交通管理领域的一项重要技术手段。在京藏高速公路上,区间智能测速系统的成功应用,为道路安全管理带来了显著的改善。

京藏高速公路,作为中国北方重要的交通干线,承载着大量的客货运输任务。然而,由于车辆众多、路况复杂,超速行驶问题一直困扰着管理部门。为了有效解决这一问题,京藏高速公路管理部门决定引入区间智能测速系统。区间智能测速系统通过在高速公路上设置多个测速监控点,利用先进的雷达测速技术,对行驶车辆进行实时速度监测。同时,系统能够自动计算车辆在通过相邻监控点之间的平均速度,并与该路段的限速标准进行对比,从而准确判断车辆是否超速。在京藏高速公路上,管理部门精心规划了测速区间,每个区间长度适中,限速标准根据路况和交通流量科学设定。当车辆通过测速区间时,系统能够实时记录车辆的行驶数据,并自动判断是否存在超速行为。一旦检测到超速车辆,系统会立即启动抓拍功能,记录车辆违章的瞬间,并生成相应的违章记录。

区间智能测速系统的应用,使得京藏高速公路的超速行驶问题得到了有效控制。根据统计数据,系统上线后,超速行驶现象明显减少,道路安全事故率也大幅下降。这不仅提高了道路的安全性能,还增强了驾驶者的安全意识。此外,区间智能测速系统还为京藏高速公路管理部门提供了有力的数据支持。通过对系统收集的数据进行分析,管理部门可以更加全面地了解道路交通状况,为交通规划、拥堵预警和疏导等工作提供科学依据。Python 语言可以借助这些交通一线的人、车、路以及环境综合处理交通信息,实现诸如区间测速、交通流预测与场站调度、干线滤波、行车预警、事故报警、天气预警等,已成为实现智能交通以及构建智慧城市的高效开发语言。

项目引入

在信息化、智能化高速发展的今天,交通安全问题日益凸显,特别是在高速公路、城市主干道等交通要道上,超速行驶已成为威胁人民群众生命财产安全的重要因素。因此,目前需要开发一套智能车速控制系统,通过科技手段提升交通管理水平,保障道路行车安全。

本项目利用 Python 的控制结构,实现对车辆行驶速度的获取及风险预警监测。根据不同路段、不同时间段的交通状况,可设定相应的速度阈值。一旦检测到车辆行驶速度超过设定的阈值,系统将自动判定为超速行驶,并触发相应的预警机制。

项目分析

本项目需要完成以下 3 个任务:
任务 1 随机获取车速;
任务 2 车速检测及风险预警解析;
任务 3 复杂条件下车速控制分析。
本项目涉及的知识点如图 5.1 所示。

模块二 Python 进阶

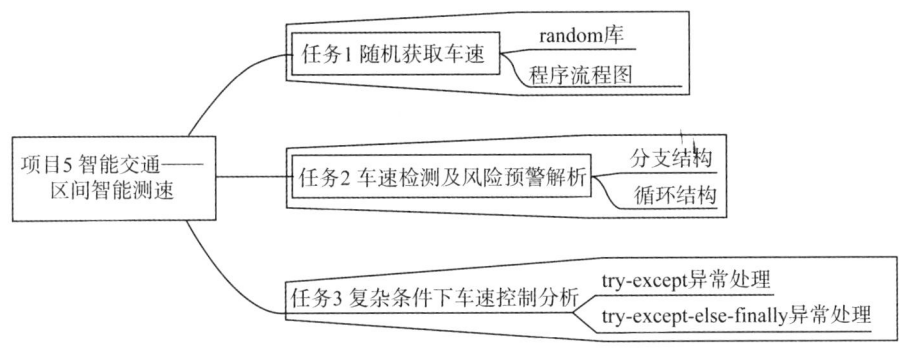

图 5.1 区间智能测速项目的知识架构图

5.1 随机获取车速

5.1.1 任务引入

在 Python 中,需要创建一个程序,该程序能够随机生成车速。车速的取值范围应在法定速度限制内,例如,假设在一条高速公路上,车速限制为 0~160 km/h。为了完成这个任务,需要使用 random 库随机生成车辆区间平均速度,并确保生成的车速在指定的范围内。

5.1.2 知识储备

1. random 库的使用

随机数在编程和数据处理中扮演着至关重要的角色,Python 内置的 random 库是一个功能强大的随机数生成库,项目 4 中简单地使用了 random 库中的部分功能函数,random 库还具有更加强大的功能。它提供了丰富的函数和方法来生成各种类型的随机数、从序列中随机选择元素以及打乱列表顺序等。

尽管计算机生成的随机数实际上是伪随机数,但 random 库提供的算法足以满足大多数应用场景对随机性的需求。在使用时,读者只需要查阅该库中随机数生成的函数,找到符合使用场景的函数即可。random 库的常用函数如表 5.1 所示:

表 5.1 random 库的常用函数

函数	描述
seed(a=None)	初始化随机数种子,默认值为当前系统时间
random()	生成一个[0.0,1.0]区间内的随机小数
randint(a,b)	生成一个[a,b]区间内的整数
getrandbits(k)	生成一个 k 比特长度的随机整数

续表

函数	描述
randrange(start, stop[, step])	生成一个[start, stop)区间内以 step 为步数的随机整数
uniform(a, b)	生成一个[a, b]区间内的随机小数
choice(seq)	从非空序列 seq 返回一个随机元素
shuffle(seq)	将序列类型中的元素随机排列,返回打乱后的序列
sample(pop, k)	从 pop 类型中随机选取 k 个元素,以列表类型返回

在使用 random 库之前,需要对其引用。与 time 库和 turtle 库的引用方式类似,可以采用下面两种方式实现:

(1) 使用 import 语句引用整个库

```
import random
```

这种方法需要从 Python 所有的库中遍历找到 random 库。在引用 random 库中的函数时,需要加上"random."前缀。例如 random.randint(1, 10)。

(2) 使用 from...import...语句引用 random 库中的特定函数或者所有函数

```
from random import randint    # 只引用 random 库中的 randint 函数
```

或者使用以下代码:

```
from random import *    # 引用 random 库中的所有函数
```

使用这种方式引用时,可以直接使用函数名,不需要前缀。

使用 random 库的一些例子如下:

```
# 引用 random 库中的所有函数
>>>from random import *
# 生成一个[0.0, 1.0]区间内的随机小数
>>>random()
0.5714025946935764
# 生成一个[2, 5]区间内的整数
>>>randint(2, 5)
3
# 生成一个[2, 5]区间内的随机小数
>>>uniform(2, 5)
2.0279725309228973
# 从 range 函数产生的包含 0~49 的整数数列中返回一个随机元素
>>>choice(range(50))
```

```
44
>>>ls=list(range(8))
>>>print(ls)
[0, 1, 2, 3, 4, 5, 6, 7]
# 将序列 ls 中的元素随机排列,返回打乱后的序列
>>>shuffle(ls)
>>>print(ls)
[6, 4, 1, 5, 3, 2, 7, 0]
```

需要注意的是,这些语句每次执行的结果不一定一样。如果要使每次生成的随机数相同,那么可通过 seed()函数指定随机数种子。例如:

```
>>>seed(10)
>>>print("Random number with seed 10:", random())
0.5714025946899135
>>>seed(12)
>>>print("Random number with seed 12:", random())
0.4745706786885481
>>>seed(10)
>>>print("Random number with seed 10:", random())
0.5714025946899135
```

2. 程序的基本结构

(1) 程序流程图

程序流程图是一种图形表示,用于展示程序或算法的执行顺序和逻辑结构。流程图使用各种符号来表示不同的操作、决策和流程路径,从而帮助开发者更清晰地理解和设计程序。流程图的基本元素包括 7 种,如图 5.2 所示。

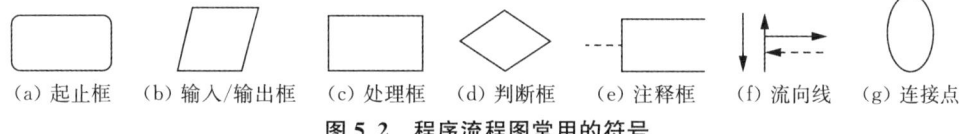

(a)起止框　(b)输入/输出框　(c)处理框　(d)判断框　(e)注释框　(f)流向线　(g)连接点

图 5.2　程序流程图常用的符号

其中,起止框表示程序或流程的开始和结束;输入/输出框用于描述数据的输入和输出;处理框表示程序中的处理或计算步骤,描述了程序的主要功能;判断框用于根据特定条件进行判断,并根据判断结果决定流程的执行路径;注释框提供源于程序流程图的额外信息或说明;流向线表示程序或流程中各个步骤之间的执行顺序和方向;连接点用于标识不同流程部分之间的连接关系。通过合理使用这些符号,程序流程图能够直观地展示程序的执行过程,帮助开发者更好地理解、分析和优化程序。

(2) 程序的基本结构

程序由 3 种基本结构组成:顺序结构、分支结构和循环结构。这些基本结构都有一个

入口和一个出口。通过合理组合这些结构,可以实现各种复杂的程序逻辑。

顺序结构中,程序中的各个操作按照它们在源代码中的排列顺序,自上而下,依次执行。这种结构的特点是程序从入口点开始执行,按照顺序执行所有的操作,直到出口点。顺序结构流程图如图5.3所示。

执行过程:先执行A,再执行B。

分支结构是指程序根据某个特定的条件进行判断后,选择其中一个分支执行。如图5.4所示,分支结构包括单分支结构和二分支结构,二分支结构组合形成多分支结构。

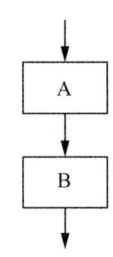

图5.3 顺序结构流程图

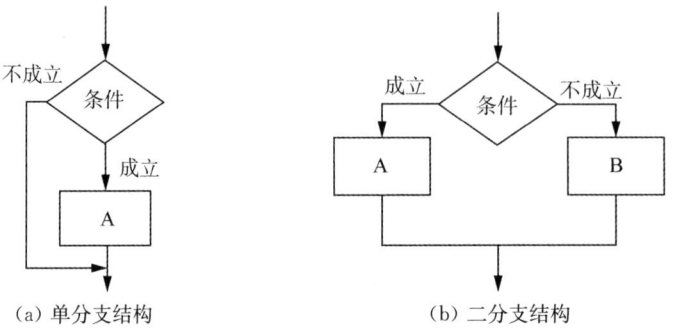

(a) 单分支结构　　　　　　　(b) 二分支结构

图5.4 分支结构流程图

执行过程:

对于单分支结构:先判断条件,如果条件成立,那么执行A,否则跳过A。

对于二分支结构:先判断条件,如果条件成立,那么执行A,否则执行B。

循环结构是指在程序中反复执行某些操作,直到满足条件时才停止循环。根据循环体触发条件的不同,循环结构包括遍历循环和条件循环。遍历循环流程如图5.5(a)所示,主要用于遍历序列中的每一个元素,并对每个元素执行相应的操作,直到遍历完所有的元素后自然结束。条件循环流程如图5.5(b)所示,特点是它会根据一个指定的条件来判断是否继续执行循环体。只要条件为真,循环就会一直执行下去;当判断条件为假时,循环就会终止。

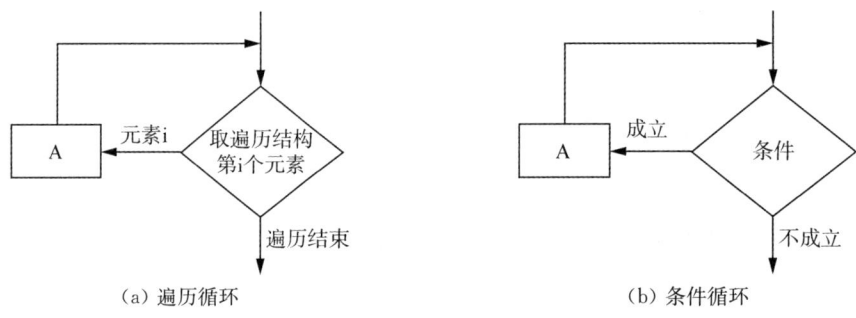

(a) 遍历循环　　　　　　　(b) 条件循环

图5.5 循环结构流程图

5.1.3 任务实施

根据知识储备,使用 random 库生成随机数,结合现实情况,设置一个速度区间。

```
# 引用 random 库
import random
# 设置速度最大值和最小值
min_speed=0
max_speed=160
# 随机生成车速
random_speed=random.randint(min_speed,max_speed)
```

5.2 车速检测及风险预警解析

5.2.1 任务引入

车速预警系统,作为现代交通管理的重要一环,运用先进的智能技术实时监测车辆行驶速度。一旦检测到超速行为,系统会迅速做出反应,通过声音、光信号等多种方式向驾驶员发出预警,提醒其及时调整车速,从而确保道路的安全与畅通。这一系统不仅提升了道路安全性能,有效降低了交通事故的发生率,还增强了驾驶员的安全意识,为人们的出行提供了更加可靠的安全保障。随着智能交通技术的不断发展,车速预警系统将进一步得到完善和普及,为交通管理带来更多的便利与效益。

5.2.2 知识储备

1. 程序的分支结构

程序的分支结构是编程中的基础控制结构之一,它允许程序根据特定条件选择不同的执行路径。程序的分支结构包括单分支结构、二分支结构以及多分支结构,使得程序能够根据输入或环境变化动态地调整行为,提高了程序的灵活性和适应性。

(1) 单分支结构:if 语句

Python 中单分支 if 语句的语法格式如下:

```
if <条件>:
    <语句块>
```

在这个语法格式中:

if 是关键字,用于标识一个条件语句的开始。

条件判断是一个返回布尔值(True 或 False)的表达式,可以是任何比较操作、逻辑操作或者任何返回布尔值的函数调用。Python 中常用的关系操作符如表 5.2 所示。

冒号:是必须的,它标志着if语句块的开始。

语句块是if条件满足后执行的一个或多个语句序列。这些语句必须相对于if语句进行缩进。

例如,如果设计程序判断车速即:

车速大于等于120 km/h,提示车速过高;

车速大于等于40 km/h,小于120 km/h,提示车速正常;

车速大于等于0 km/h,小于40 km/h,提示车速过低,

那么使用if语句可以实现该功能,详细代码如下:

```
from random import *        #引用random库中的所有函数
speed=randint(0,200)
if speed>=120
        print("车速过高")
if 40<=speed<120
        print("车速正常")
if 0<=speed<40
        print("车速过低")
```

在这个例子中,使用random库中randint()函数随机生成一个在[0,200]区间内的整数作为车速,然后使用单分支if语句进行判断,如果车速大于等于120 km/h,那么提示车速太高;如果车速大于等于40 km/h且小于120 km/h,那么提示车速正常;如果车速大于等于0 km/h且小于40 km/h,那么提示车速过低。

表5.2　Python中的关系操作符

操作符	含义
<	小于
<=	小于等于
>	大于
>=	大于等于
==	等于
!=	不等于

(2) 二分支结构:if-else语句

Python中二分支if-else语句的语法格式如下:

if <条件>:
　　　<语句块1>
else:
　　　<语句块2>

在这个语法格式中,允许程序根据条件的真假来执行不同的代码块。如果条件为 True,那么执行语句块 1;如果条件为 False,那么执行语句块 2。

仍然以判断车速的程序为例,但程序需实现:当车速大于 120 km/h 时提示"车速过高,请注意安全!",当车速小于等于 120 km/h 时,提示"车速正常"。其实现程序如下:

```
from random import *            # 引用 random 库中的所有函数
speed=randint(0,200)
if speed>120:
        print("车速过高,请注意安全!")
else:
        print("车速正常")
```

二分支结构还有一种更简洁的表达方式,语法格式如下:

<表达式 1> if <条件> else <表达式 2>

其中,表达式 1 和表达式 2 通常是数字类型或字符串类型的一个值。以上例子可以改写为:

```
print("车速过高,请注意安全!" if speed > 120 else "车速正常")
```

(3) 多分支结构:if-elif-else 语句

在 Python 中,多分支结构通常使用 if-elif-else 语句来实现,它允许程序根据多个不同条件来执行相应的代码块。Python 中多分支 if-elif-else 语句的语法格式如下:

```
if <条件 1>:
        <语句块 1>
elif<条件 2>
        <语句块 2>
...
else:
        <语句块 3>
```

在这个语法中,elif 是 else-if 的缩写。当第一个 if 条件不满足时,Python 会检查接下来的 elif 条件,直到找到一个为真的条件并执行相应的代码块。如果没有任何条件为真,那么会执行 else 对应的语句块 3。

使用 if-elif-else 语句可以将判断车速的例子重新改写为:

```
from random import *            #引用 random 库中的所有函数
speed=randint(0,200)
if speed >= 120:
        print("车速过高")
```

```
elif 40 <= speed<120:
    print("车速正常")
else:
    print("车速过低")
```

2. 程序的循环结构

(1) 遍历循环:for 循环

在 Python 中 for 循环的格式如下:

```
for <循环变量> in <遍历结构>:
    <语句块>
```

在每次循环中,都会取遍历结构中的下一个元素赋值给循环变量,然后执行缩进的代码块。当结构中的所有元素都遍历结束后,for 循环结束。

遍历结构可以是字符串、文件、组合数据类型或 range() 函数等,常用的使用方式如下:

如果需要将某语句块循环 N 次,那么可使用以下代码:

```
for i in range(N):
    <语句块>
```

这里使用 range() 函数生成数字序列,例如:

```
for i in range(3):
    print(i)
```

输出结果为:

0
1
2

range() 函数还可以接收两个参数,用于指定起始值和结束值(不包含结束值),例如:

```
for i in range(1,3):
    print(i)
```

输出结果为:

1
2

还可以为 range() 函数提供第 3 个参数,用于指定步长,例如:

```
for i in range(0,6,2):
    print(i)
```

输出结果为:

0
2
4

利用 for 循环还可以遍历文件的每一行,如对文件 fi 进行遍历可以使用以下代码:

```
for line in fi:
    <语句块>
```

还可以遍历序列类型如字符串中的每个子字符串元素、列表和元组中的每个子元素等,如对于字符串 s,可以使用以下代码进行遍历:

```
for a in s:
    <语句块>
```

示例代码如下:

```
word="hello"
for char in word:
    print(char)
```

输出结果为:

h
e
l
l
o

列表同样属于序列类型,例如遍历 ls 可以使用以下代码:

```
for key in ls:
    <语句块>
```

示例代码如下:

```
# 定义一个包含整数的列表
Numbers=[1,2,3,4,5]
# 使用 for 循环遍历列表并打印
for Num in Numbers:
    print(Num)
```

输出结果为:

```
1
2
3
4
5
```

遍历循环还有一种扩展模式,即可以与 else 语句结合使用。使用方法如下:

```
for <循环变量> in <遍历结构>:
    <语句块 1>
else:
    <语句块 2>
```

在这种扩展模式中,for 循环正常遍历完所有元素后,语句块 2 才会被执行。若循环中断,则不会执行语句块 2。这种结构常用于需要在循环完成后进行特定操作或检查循环是否完整执行的场景。例如:

```
# 定义一个列表
colors=["red", "green", "blue"]
# 使用 for 循环遍历列表
for co in colors:
    print(co)
else:
    # 当循环正常结束时,执行 else 语句
    print("所有颜色都已遍历完毕")
```

输出结果为:

```
red
green
blue
所有颜色都已遍历完毕
```

在这个例子中,定义了一个包含 3 种颜色的列表 colors,for 循环会依次打印出列表

中的每个颜色。因为循环没有使用 break 语句中断,所以它会正常遍历完所有的元素。一旦循环结束,else 语句中的代码就会执行,打印"所有颜色都已遍历完毕"。

(2) 无限循环:while 循环

很多时候无法确定循环次数,此时需使用无限循环,也称条件循环。while 循环是一种重复执行代码块的结构,它会在给定条件为真的情况下一直执行代码,直到条件变为假为止。while 循环的语法结构为:

```
while  <条件>:
    <语句块>
```

在这个结构中,条件是一个布尔表达式,如果条件为真,那么执行语句块。执行完语句块后,再次检查条件是否为真,如果为真,那么再次执行语句块,以此类推,直到条件为假。

例如,使用 while 循环计算 1 到 10 的和:

```
# 初始化变量
sum=0
num=1
# 使用 while 循环计算和
while  num<=10:
    sum+=num
    num+=1
# 打印结果
print("1 到 10 的和为:",sum)
```

输出结果为:

1 到 10 的和为:55

首先初始化两个变量:sum 用于存储和的结果,num 用于迭代计数。然后使用 while 循环重复以下操作:先将 num 的值加到 sum 中,再将 num 的值加 1,循环将一直进行,直到 num 的值大于 10 为止。

请注意,如果条件一开始就为假,那么循环体内的代码将不会执行。因此,确保在使用 while 循环时,条件能够在某个时刻变为假,以避免无限循环。

无限循环也有一种使用保留字 else 的扩展模式,使用方法如下:

```
while  <条件>:
    <语句块 1>
else:
    <语句块 2>
```

在这种扩展模式中，当 while 循环正常执行完，程序会继续执行 else 语句中的内容。else 语句只在循环正常执行完才执行。因此，可以在语句块 2 中放置判断循环执行情况的语句，例如：

```
count=0
while count<5:
    print(count, "is less than 5")
    count+=1
else:
    print(count, "is not less than 5")
```

输出结果为：

```
0 is less than 5
1 is less than 5
2 is less than 5
3 is less than 5
4 is less than 5
5 is not less than 5
```

（3）循环保留字：break 和 continue

在 Python 编程中，break 和 continue 是两个与循环结构紧密相关的保留字，用于控制循环的执行流程。

break 语句用于立即终止当前循环的执行，即使循环的条件仍然为真。当 break 语句被执行时，程序将跳过循环的剩余迭代，并继续执行紧接在循环之后的下一条语句。break 语句通常用于在循环中检测到某个特定条件时提前退出循环，例如：

```
for i in range(10):
    if i==5:
        break    #当 i 等于 5 时，退出循环
    print(i)
```

输出结果为：

```
0
1
2
3
4
```

在以上程序中，将循环打印数字 0 到 4，当 i 等于 5 时，break 语句会被执行，循环将终

止,数字 5 不会被打印。

与 break 不同,continue 语句用于跳过当前循环迭代中的剩余部分,并立即开始下一次迭代。如果循环的条件仍然为真,那么循环将继续执行。continue 语句通常用于忽略循环中不需要执行的迭代,例如:

```
for i in range(10):
    if i%2==0:
        continue
    print(i)
```

输出结果为:

1
3
5
7
9

break 语句和 continue 语句也可以在 while 循环中使用,以控制循环的执行流程,例如:

```
count=0
while count<10:
    count+=1
    if count==5:
        break      #当 count 等于 5 时,退出循环
    print(count)
```

同样地,continue 语句也可以在 while 循环中使用:

```
count=0
while count<10:
    count+=1
    if count%2==0:
        continue   #当 count 是偶数时,跳过当前迭代
    print(count)
```

conutinue 语句和 break 语句的区别是,continue 语句只结束本次循环,而不终止整个循环的执行;而 break 语句则是结束整个循环过程,不再判断执行循环的条件是否成立。

for 循环和 while 循环中都存在一个 else 扩展用法。else 中的语句块只在一种条件下执行,即循环正常遍历了所有内容或因条件不成立而结束循环,且没有因为有 break 或

return 语句而退出。continue 保留字对 else 没有影响,例如:

```
for i in range(10):
    if i%2==0:
        continue
    print(i)
else:
    print("正常退出")
```

输出结果为:

```
1
3
5
7
9
正常退出
```

break 保留字对 else 语句有影响,例如:

```
for i in range(10):
    if i==5:
        break        #当i等于5时,退出循环
    print(i)
else:
    print("正常退出")
```

输出结果为:

```
0
1
2
3
4
```

5.2.3 任务实施

根据分支与循环结构知识,可以设计程序使用 if 语句并根据随机获取的车速进行检测,给出相应的风险预警提示。详细代码如下:

```
if 0<random_speed<60:
    print("车速正常,请保持安全驾驶。")
```

使用 if-else 语句并根据随机获取的车速进行检测,给出相应的风险预警提示。

```
if 0<random_speed<60:
    print("车速正常,请保持安全驾驶。")
else:
    print("车速过快,请立即减速,注意安全!")
```

使用 if-elif-else 语句并根据随机获取的车速进行检测,给出相应的风险预警提示。

```
if 0<random_speed<60:
    print("车速正常,请保持安全驾驶。")
elif 60<=random_speed<110:
    print("车速偏快,请注意减速。")
else:
    print("车速过快,请立即减速,注意安全!")
```

5.3 复杂条件下车速控制分析

5.3.1 任务引入

任务 2 仅针对一次车速进行检测及风险预警提醒,在复杂条件下进行车速控制分析时,更需要对车速进行持续、精确的检测。此外,由于车速在检测过程中会出现异常,因此应考虑多种因素灵活调整车速。

5.3.2 知识储备

在 Python 中,异常处理是一种用于处理程序运行期间可能出现的错误或异常情况的机制。它允许程序员定义在特定异常发生时应该执行的代码块,从而避免程序因未处理的错误而崩溃。Python 使用 try-except 语句实现异常处理,其基本语法格式如下:

```
try:
    <语句块 1>
except<异常类型>:
    <语句块 2>
```

try 语句中包含了可能引发异常的代码。当执行这些代码时,如果发生异常,程序不会立即崩溃,而是跳转到相应的 except 语句处理该异常。except 语句用于捕获并处理异常。可以指定要捕获的异常类型,也可以不指定类型即捕获所有异常。

示例:

```
try:
    x=1/0                          # 这会引发ZeroDivisionError
except ZeroDivisionError:
    print("不能除以0!")
```

还可以使用多个except语句捕获不同类型的异常,语法格式如下:

```
try:
    <语句块1>
except <异常类型1>:
    <语句块2>
...
except <异常类型N>:
    <语句块N+1>
except:
    <语句块N+2>
```

其中,第1到第N个except语句的后面都指定了异常类型,说明这些except包含的语句块只能处理这些类型的异常。最后一个except语句没有指定任何类型,表示它包含的语句块可以处理所有其他异常。

示例:

```
try:
    a="ABCDE"
    index=eval(input("请输入一个整数:"))
    print(alp[index])
except NameError:
    print("输入错误,请输入一个整数!")
except:
    print("其他错误")
```

执行过程和结果如下:

```
>>>
请输入一个整数:Hello
输入错误,请输入一个整数!
>>>
请输入一个整数:100
其他错误
```

除了try和except保留字外,异常语句还可以与else和finally保留字配合使用,语法格式如下:

```
try:
    <语句块 1>
except  <异常类型 1>
    <语句块 2>
else:
    <语句块 3>
finally:
    <语句块 4>
```

当 try 中的语句块 1 正常执行结束且没有发生异常时,执行 else 中的语句块 3,如果语句块 1 发生异常,那么不执行 else 中的语句块 3。finally 语句则不同,无论 try 中的语句块 1 是否发生异常,语句块 4 都会执行,它通常用于执行清理工作,如关闭文件、释放资源等。

示例:

```
try:
    a="ABCDE"
    index=eval(input("请输入一个整数:"))
    print(alp[index])
except NameError:
    print("输入错误,请输入一个整数!")
else:
    print("没有发生异常")
finally:
    print("程序执行完毕,不知道是否发生了异常!")
```

执行过程和结果如下:

```
>>>
请输入一个整数:2
C
没有发生异常
程序执行完毕,不知道是否发生了异常!
>>>
请输入一个整数:Hello
输入错误,请输入一个整数!
程序执行完毕,不知道是否发生了异常!
```

Python 中的异常处理能够捕获并处理运行时的错误,防止程序崩溃,提高程序的健壮性和稳定性。同时,通过自定义异常类型,能够更灵活地处理特定场景下的错误情况。然而,过度使用异常处理可能导致代码结构复杂,降低可读性。在应用场景方面,异常处理常用于用户输入验证、文件操作、网络请求、数据库访问等,确保程序在异常情况下能够优雅地响应,提供更好的用户体验。

5.3.3 任务实施

```
# 模拟10次车速检测
for i in range(10):
    random_speed=random.randint(min_speed,max_speed)
    if 0< random_speed < 60:
        print("车速正常,请保持安全驾驶。")
    elif 60 <= random_speed < 110:
        print("车速偏快,请注意减速。")
    else:
        print("车速过快,请立即减速,注意安全!")
# 模拟车速持续检测过程
while True:
    try:
        random_speed=random.randint(min_speed,max_speed)
        if 0 < random_speed < 60:
            print("车速正常,请保持安全驾驶。")
        elif 60 <= random_speed < 110:
            print("车速偏快,请注意减速。")
        else:
            print("车速过快,请立即减速,注意安全!")
        # 询问用户是否持续检测
        choice=input("是否继续检测车速?(y/n)")
        if choice.lower()! = 'y':
            break
    except Exception as e:
        print("发生异常",e)
        # 询问用户是否持续检测,如果是异常导致的退出,那么不再询问
        choice=input("是否继续检测车速?(y/n),如果不再继续,请输入'n'")
        if choice.lower() ! = 'y':
            break
```

 项目总结

该项目的总体目标是开发一个智能区间测速及风险预警系统,实现对车辆行驶速度的获取及风险预警检测。根据不同路段、不同时间段的交通状况,可设定相应的速度阈值。一旦检测到车辆行驶速度超过设定的阈值,系统将自动判定为超速行驶,并触发相应

的预警机制,为提升道路交通安全管理水平、减少交通事故的发生提供有力支持。本项目采取以下方案：

(1) 使用 random 库随机生成车速,模拟车速的获取。

(2) 使用单分支结构、双分支结构以及多分支结构分别设计车速预警提醒,可以更加灵活和精准地实现车速检测与风险预警功能。在单分支结构设计中,设定一个固定的速度阈值,当车速超过该阈值时,系统便触发预警提醒,提示驾驶员超速行驶。这种结构简单直接,适用于那些速度限制较为明确的路段。双分支结构则允许设定两个速度阈值,形成一个速度区间。这种结构能够更细致地划分车速范围,适应不同路段的限速要求。多分支结构则更加灵活多变,可以根据实际需求设定多个速度阈值,并对应不同的预警方式。通过结合这 3 种分支结构,可以根据实际应用场景选择合适的预警策略,确保系统能够精准地检测车速并发出有效的预警提醒。

(3) 使用 for 循环模拟 10 次车速检测及风险预警提醒。设定一个固定的循环次数,在每次循环中检测车速并判断是否超过预设的速度阈值。这种方式适用于需要固定次数检测的场景,例如定期对某一路段进行车速检测。此外,还使用了 while 循环模拟持续检测及风险预警提醒,while 循环会根据特定的条件来判断是否执行循环体。这种方式适用于需要实时检测车速并发出预警的场景,例如对高速公路或城市主干道进行持续监控。本项目还涉及了异常处理。

项目拓展

本项目的目标在于模拟一个车辆在行驶过程中的速度变化,并加入异常处理机制来确保车速不超过设定的限速。在模拟过程中,程序将随机生成加速度,并根据生成的加速度更新车辆的速度。如果车速超过设定的限速,程序将抛出一个异常,并提示车速超过限速。

```
import random
# 设定初始速度和限速
initial_speed=0
speed_limit=120
# 使用 for 循环生成随机的加速度列表
accelerations=[]
for _ in range(10):                          # 生成 10 个加速度数
    acceleration=random.uniform(-5,5)        # 加速度在-5~5 之间随机
    acceleration.append(acceleration)
# 初始化当前速度
current_speed=initial_speed
# 使用 while 循环模拟车辆行驶过程
while current_speed < speed_limit:
    try:
        # 随机选择一个加速度来更新速度
```

```
        acceleration=random.choice(accelerations)
        # 更新当前速度,假设时间间隔为1 s
        current_speed+=acceleration
        # 打印当前速度
        print("当前速度为(km/h):", current_speed)
    # 异常处理
    except exception as e:
        print("车速超过限速！当前速度为(km/h):", current_speed)
        break
```

拓展阅读

智能维序铸魂——状态精准分类

随着工业4.0时代的来临,智能预测性维护技术正逐渐成为工业领域的新宠。该技术以设备状态为依据,通过先进的算法和数据分析,实现对设备健康状况的精准预测,从而避免了传统维护方式中的盲目性和不确定性。

目前,国内一家领先的工业互联网公司推出了一套全新的智能预测性维护系统,该系统能够对工业设备进行实时状态监测,并通过大数据分析,对设备的运行状况进行精确分类。据了解,该系统采用了深度学习算法和机器学习技术,能够自动识别设备的异常状态并提前预警,为企业的维护决策提供了有力支持。

与传统的修复性维护和预防性维护相比,智能预测性维护具有更高的效率和更低的成本。修复性维护通常是在设备出现故障后才进行,不仅影响了生产进度,还可能导致更大的损失;而预防性维护虽然可以定期进行,但往往存在过度维护或维护不足的问题。相比之下,智能预测性维护能够根据设备的实时状态,进行精准维护,既避免了设备故障的发生,又减少了不必要的维护成本。此外,该智能预测性维护系统还能够根据设备的状态进行分类,为不同的设备制订个性化的维护计划。对于运行状态良好的设备,系统可以建议延长维护周期;而对于出现轻微异常的设备,系统则可以提前预警,提醒企业及时进行处理。这种个性化的维护方式,不仅延长了设备的使用寿命,还降低了企业的维护成本。

业内专家表示,智能预测性维护技术的推广和应用,将极大地推动工业领域的数字化转型和智能化升级。未来,随着技术的不断进步和应用的不断深化,智能预测性维护有望在更多领域得到广泛应用,为企业带来更大的经济效益和社会效益。

练习

一、单项选择题

1. 在智能预测性维护系统中,循环结构主要用于什么目的?
   A. 一次性更新所有设备的状态　　　　B. 对单个设备状态进行单次分析

C. 重复检查设备的状态直到满足条件　　D. 评估设备的价值

2. 在循环检查设备状态的程序中,如果希望当设备状态满足某个条件时退出循环,那么应使用哪个关键字?

A. if　　　　　　B. while　　　　　C. for　　　　　　D. break

3. 在智能预测性维护系统中,对于已知次数的设备状态检查,通常使用哪种循环结构?

A. if 循环　　　　B. while 循环　　　C. for 循环　　　　D. break 循环

4. 在检测过程中,可能会出现各种异常。关于 try-except 语句,下列哪个选项的描述是错误的?

A. 表达了一种分支结构的特点　　　　B. NameError 是一种异常类型
C. 使用了异常处理,程序将不会再出错　D. 用于对程序的异常进行捕捉和处理

二、编程题

1. 四位玫瑰数是 4 位数的自幂数。自幂数是指一个 n 位数,它每个数位上的数字的 n 次幂之和等于它本身。例如,当 n 为 3 时,有 $1^3+5^3+3^3=153$,153 是 n 为 3 时的一个自幂数,3 位数的自幂数被称为水仙花数。请输出所有 4 位数的四位玫瑰数,按照从小到大的顺序排序。

2. 提示用户输入一个数字,并判断它是否为回文数。举例:12321 是回文数,个位与万位相同,十位与千位相同。如果用户输入的不是一个有效的数字字符串,那么请提示。

3. 假设你正在开发一个智能预测性维护系统,该系统需要根据设备状态的不同执行不同的维护策略。设备状态分为正常、警告和故障三种。你需要编写一个程序,该程序能够持续检测设备状态,并根据状态的不同执行相应的维护操作。当设备状态为正常时,执行日常检查;当设备状态为警告时,执行预警维护;当设备状态为故障时,执行紧急维修。如果设备连续三次状态为故障,那么输出"设备需要停机检修"的提示信息,并结束程序。

项目 6　智能制造——刀具状态预测性维护

目前基于人工智能算法的设备故障诊断与预测性维护正在成为研究热点。面临大量的工业数据,如何高效组织、处理地这些数据成为首要问题。本项目以刀具状态预测性维护为例,通过数据读取、简单特征提取与存储、复杂特征提取等任务,介绍 Python 中组合数据类型的使用方法。读者可以通过齐鲁理工学院数据集发布网址开源下载相关刀具数据集,网址为:www.qlit.edu.cn/datasets2/。

> 学习目标

1. 知识目标

理解 Python 中的组合数据类型是什么,它们是如何构建和使用的;

掌握序列类型（如字符串、列表、元组）的基本概念、特性和操作方法；

理解集合类型的确定性、互异性和无序性三个特性，掌握集合的基本操作，如添加元素、删除元素、交集、并集、差集等；

理解映射类型（如字典）的基本概念，包括键值对和映射关系，掌握字典的访问方法；

能够根据具体需求选择合适的组合数据类型存储和处理数据，能够运用组合数据类型解决实际问题，如数据清洗、特征提取、数据分析等。

2. 能力目标

掌握列表的创建、遍历、修改、删除等操作；

理解字典的键值对结构，掌握字典的访问方法；

理解集合的创建及相关运算。

3. 素质（思政）目标

培养逻辑思维和问题解决能力，通过编写代码和实践操作提高学生的逻辑推理和创新能力；

提高沟通表达和团队合作能力，通过小组合作和交流，学会有效沟通和协作；

培养自主学习和探究能力，学会独立思考、自主学习，探索更深入的应用场景和前沿动向。

学习重难点

1. 学习重点

列表的创建、遍历、修改、删除等操作；

字典的键值对结构，字典的创建、遍历、修改、删除等操作；

集合的创建及相关运算；

运用组合数据类型解决刀具状态预测性维护实际问题。

2. 学习难点

字典的遍历；

各个数据类型的综合运用及存储。

案 例

随着制造业的快速发展，机械加工生产过程越来越自动化，电控软件监测设备的使用越来越普及。切削工具是机械加工过程中不可或缺的一部分，其质量直接影响到加工品的质量和生产效率。钻头、铣刀等机械刀具的磨损情况是导致切削力和加工精度变化最主要的原因之一，因此采取有效的监测手段可以大大提高生产效率、加工质量，降低设备维修成本，具有极其重要的意义。刀具状态预测性维护，作为一种前沿的维护策略，正逐渐成为制造业领域的关键技术之一。它融合了现代传感器技术、数据分析以及机器学习算法，旨在实现对刀具状态的精准预测和及时维护，从而提高生产效率、降低维护成本，确保生产过程的连续性和稳定性。

刀具全生命周期管理是对刀具从选型采购到使用维护、再到报废的每一个阶段进行细致管理,旨在提高使用效率、降低成本并确保生产质量。其关键环节主要包括设计、采购、使用、维护以及报废等多个方面。在设计环节,主要关注刀具的基本结构和加工特性,确保刀具在实际应用中能够达到最佳的加工效率。在采购环节,关注刀具的质量和成本,选择具有高性价比的刀具。使用环节关注刀具的加工效率和产品质量,通过合理使用刀具来延长其寿命并降低生产成本。维护环节关注刀具的保养和维修,确保刀具能够持续稳定地工作。最后,在报废环节,关注刀具的寿命和回收利用,及时将磨损、断裂、变形等无法继续使用的刀具进行报废处理。

通过刀具全生命周期管理,企业可以确保刀具在整个生命周期内都能得到合理、高效的使用,从而提高生产效率、降低生产成本,并为企业创造更大的价值。

传统的刀具更换周期管理方法,即按照固定时间或加工数量进行刀具更换,这种方式既无法保证刀具的最佳使用效果,也容易造成资源浪费。为了解决这一问题,先进的刀具磨损数据监测设备(图 6.1),实时监测刀具在加工过程中的间接信号及测量大量刀具磨损数据。通过引入刀具磨损数据监测与分析,实现生产过程的智能化管理。

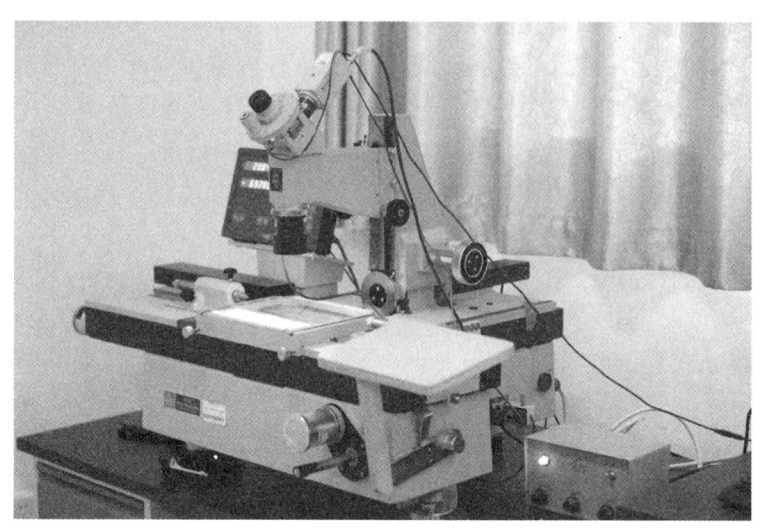

图 6.1 刀具磨损数据监测设备

刀具磨损数据特征主要包括切削力、振动、温度等多个方面。切削力是刀具在加工过程中受到的主要力量,其大小与刀具的磨损程度密切相关。当刀具逐渐磨损时,切削力会相应增大,这是因为磨损导致刀具的几何形状改变,使得切削过程中的阻力增加。因此,切削力的变化可以作为刀具磨损的一个重要指标。

振动是刀具磨损的另一个重要特征。在加工过程中,刀具的振动情况能够反映其稳定性和磨损状态。当刀具磨损严重时,其振动幅度和频率往往会增加,这是因为磨损导致刀具的刚度下降,使其在受到切削力时更容易产生振动。利用 Python 语言中的 Pandas、Scikit-learn 等第三方库对振动、力等传感数据的读取、清洗、特征提取,可以有效地评估刀具的磨损程度,实现精确的刀具更换时机的预测。

项目引入

刀具在机械加工过程中扮演着重要角色，其磨损状态直接影响生产效率和产品质量。因此，对刀具磨损数据进行深入分析，并预测刀具状态，对于优化生产流程、降低生产成本具有重要意义。本项目旨在运用 Python 的组合数据类型知识，从数据读取到特征提取，对刀具磨损数据进行处理，为后续的状态预测提供数据支持。特征提取是预测模型构建的关键步骤，它决定了模型能够学习到的信息量和预测精度。根据刀具磨损的特点和实际情况，选择与刀具状态密切相关的特征进行提取能够提升刀具状态识别效果。如何实现特征提取呢？

项目分析

加工过程中采集到的间接信号以不同的格式存放在电脑中，常见的格式有逗号分隔值（Comma-Separated Values，CSV）格式、经 MATLAB 软件处理的".mat"格式、NumPy 库的".npy"格式以及 Python 的组合数据类型格式等。如何读取这些数据成为本项目的关键。原始数据维度庞大，数万行甚至百万行的数据处理需要进行必要的敏感特征提取，以实现降维。为了高效使用二次加工的数据，还需要对这些处理数据进行适当的存储。高效地查看原始数据以及处理数据之间的差别以验证数据处理手段的性能也非常重要，因此可视化数据也是智能制造中必备的流程。

综合分析来看，本项目需要完成以下 3 个任务：

任务 1　数据的读取：使用组合数据类型及其他高级类型读取加工过程中采集到的信号。

任务 2　简单特征提取与存储：对于振动信号，可以提取统计特征（如均值、标准差、最大值、最小值等）。

任务 3　多序列特征提取：通过对原始信号进行子序列划分，提取更多的信号特征，以实现对刀具加工状态的全面、准确描述；将提取的特征以合适的方式存储起来，方便后续的分析和使用。

本项目涉及的知识点如图 6.2 所示。

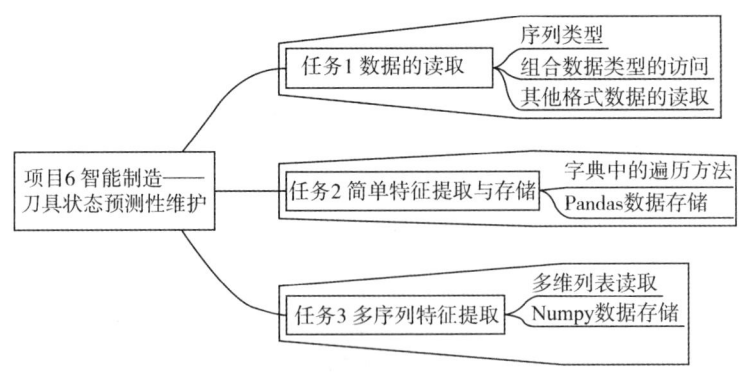

图 6.2　刀具状态预测性维护项目的知识架构图

6.1 数据的读取

6.1.1 任务引入

现在需要对采集的加工过程中的数据进行处理。给定的刀具加工数据有三种：

1. 组合数据类型数据

此数据为模拟数据，即假设信号存储于组合数据类型中的字典中，使用 random 库随机生成振动信号的 3 列数据，以"data"命名，另外生成当前的磨损状态标签，以 target 命名。

2. CSV 数据

齐鲁理工学院开展了刀具加工全生命周期磨损试验，数据以 CSV 格式存储，包括后缀名为". csv"的 3 列振动信号以及后缀名为". txt"的 4 列力信号。

```
vibration = "vibration_1.csv"
force = "force_1.txt"
```

3. ". mat"数据

开源数据集 NASA milling 中的数据，后缀名为". mat"。

```
nasa_mill = "mill.mat"
```

尝试使用组合数据类型创建刀具加工过程中采集到的模拟振动信号以及其对应的磨损状态；尝试读取给定的开源数据集中的刀具磨损振动信号以及力信号。

6.1.2 知识储备

在 Python 编程的世界中，各个数据类型与语法组成了实现某个功能的程序片段。除了基础的数据类型如整数、浮点数和字符串外，Python 还提供了组合数据类型，这些数据类型允许我们将多个值组合成一个单一的对象。组合数据类型不仅增强了数据表示的丰富性，还为数据处理和操作提供了更多的灵活性。通过利用列表、元组、字典和集合等组合数据类型，我们可以更加高效地组织、存储和访问数据，从而编写出功能强大的 Python 程序。

在 Python 中，组合数据类型主要分为三大类：序列类型、集合类型和映射类型。

1. 序列类型

序列类型是一个元素向量，元素之间存在先后关系，通过序列号访问，元素之间不排他。序列类型的典型代表是字符串类型和列表类型。这些数据类型能够存储多个元素，并且元素之间保持特定的顺序，使得数据访问和操作更加直观和有序。

常用的序列类型有字符串 str、列表 list 和元组 tuple。

1) 字符串（标识符为 str）

字符串类型为单个字符的有序组合，项目 3 中已经介绍过，字符串是典型的序列类型，学习其他序列类型时可参考字符串相关函数与功能设计。

2) 列表类型（标识符为 list）

列表类型是可以改变的序列类型，这是其与元组类型的区别之一。列表类型可以存放不同类型的元素，元素可以进行增、删、改、查，较为灵活。

列表是包含 0 个或多个对象的有序序列，但列表的长度和内容是可变的，可以自由地进行数据项的增加、删除或替换，列表没有长度限制，元素类型可以不同。

（1）Python 列表的创建

列表既可以直接使用中括号"[]"创建，也可以使用内置的 list() 函数快速创建。

```
tool_name=[]                     # 使用[]创建空列表
channel=['v_x', 'v_y', 'v_z']
my_list=list()                   # 使用 list()函数创建空列表
column_index=list('123')         # 返回具有 3 个字符串元素 1、2、3 的列表
```

（2）列表的相关函数或方法

列表可以像字符串一样通过索引访问列表元素，语法为：

```
element=my_list[index]           # 索引从 0 开始
```

如访问 channel 列表中的第二列列名 v_y 可以使用以下代码：

```
channel=['v_x', 'v_y', 'v_z']
element = channel[1]             # 索引从 0 开始
```

列表也可以使用切片访问连续片段，例如：

```
sublist=my_list[start:stop:step]
```

列表可进行列表元素修改，例如可以通过索引赋值实现列表修改：

```
my_list[index]=new_value
```

还可以使用切片赋值进行修改：

```
my_list[start:stop]=new_elements
```

列表最常用的函数为列表追加，可以使用 append() 函数添加列表元素：

```
my_list.append(element)
```

除了追加元素之外，列表还可以使用 extend() 函数实现列表的合并：

```
my_list.extend(other_list)            # 添加另一个列表的所有元素
```

还可以使用 insert() 函数插入新元素：

```
my_list.insert(index, element)        # 在指定索引处插入元素
```

除了增加元素之外，列表还可以删除元素，常见的方法有 remove() 函数：

```
my_list.remove(element)               # 删除第一个匹配的元素
```

pop() 函数可以删除指定索引处的元素并以返回值的形式获得该删除的值，类似于无放回采样：

```
removed_element=my_list.pop(index)    # 删除指定索引处的元素并返回它
```

另外，可以使用 del 语句删除列表元素：

```
del my_list[index] 或 del my_list[start:stop]
```

使用切片赋值也可以删除元素：

```
my_list[start:stop]=[]
```

类似于字符串，列表长度也可以使用 len() 函数获得：

```
length=len(my_list)
```

在实际应用中，列表排序经常使用 sort() 函数和 sorted() 函数实现：

```
my_list.sort()                        # 原地排序
sorted_list=sorted(my_list)           # 返回新列表
```

其中，可以使用自定义排序参数设置排序方法：

```
my_list.sort(key=function)                       # 按照 function 提供的方法对列表进行排序
sorted_list=sorted(my_list, key=function)        # 按照 function 提供的方法返回排好序的列表
```

列表遍历也是经常使用的一个功能，可以使用 for 循环实现列表元素的遍历搜索：

```
for element in my_list:
```

使用 enumerate() 函数可以实现遍历索引和元素：

```
for index, element in enumerate(my_list):
```

与字符串类似,列表可以使用"+"运算符实现列表连接:

```
combined_list=list1 + list2
```

另外,可以使用 reverse()函数实现列表的翻转:

```
my_list.reverse()                # 原地反转
```

除了 reverse()方法之外,还可以使用切片进行翻转:

```
reversed_list=my_list[::-1]
```

列表推导式是一种简洁的创建列表的方法,尤其适用于从现有列表生成新列表的场景。

```
[random.randint(1, 10) for _ in range(10)]
```

3) 元组类型(标识符为 tuple)

元组类型生成后是固定的,其中任何数据项不能替换或删除,在项目 4 中函数的多元素返回值类型即为元组类型,因其不能替换或删除的特性,在函数返回多个重要信息时常使用该类型。

Python 中的元组是一种不可变序列类型,它允许存储多个元素,且元素之间用逗号分隔,整个元组由圆括号包围。元组的元素可以是任何数据类型,如数字、字符串、列表、元组等,且元组是有序的。

创建元组非常简单,只需将元素用逗号分隔并放在圆括号中即可。例如:

```
t=(1, 2, 3)
t2=4, 5, 6                      # 即使没有圆括号,也会将其识别为元组
```

元组的很多功能与列表类似。

通过索引可以访问元组中的特定元素,索引从 0 开始。例如:

```
t=(1, 2, 3)
print(t[0])                     # 输出 1
print(t[1])                     # 输出 2
```

元组也支持切片操作,用于获取元组的一个子集。例如:

```
t=(1, 2, 3, 4, 5)
print(t[1:4])                   # 输出 (2, 3, 4)
```

使用 len()函数可以获取元组的长度。例如：

```
t=(1, 2, 3)
print(len(t))                    # 输出 3
```

与列表不同的是，元组一旦创建，其元素就不能被修改。若尝试修改元组，程序会抛出 TypeError 异常。

```
t=(1, 2, 3)
t[0]=4                           # 抛出 TypeError 异常
```

"＋"操作符用于连接两个元组。
"＊"操作符用于重复元组元素。
示例代码如下：

```
t1=(1, 2)
t2=(3, 4)
t3=t1 + t2                       # (1, 2, 3, 4)
t4=t1 * 2                        # (1, 2, 1, 2)
```

元组和列表之间可以相互转换。使用 list()函数可以将元组转换为列表，使用圆括号或 tuple()函数可以将列表转换为元组。

```
t=(1, 2, 3)
l=list(t)                        # 转换为列表：[1, 2, 3]
t_again=tuple(l)                 # 转换回元组：(1, 2, 3)
```

使用 in 关键字可以检查一个元素是否存在于元组中。

```
t=(1, 2, 3)
if 2 in t:
    print("2 is in the tuple")
```

可以使用 for 循环遍历元组中的每个元素。

```
t=(1, 2, 3)
for item in t:
    print(item)
```

序列解包功能较为常见，其可以将元组中的值分别赋给多个变量，这在交换变量值或函数返回多个值时特别有用。

```
a, b, c=(1, 2, 3)
print(a)                    # 输出 1
print(b)                    # 输出 2
print(c)                    # 输出 3
```

序列类型的相关函数如表 6.1 所示。

表 6.1 序列类型的相关函数

操作符或函数	描述
x in s	如果 x 是 s 的元素,那么返回 True
x not in s	如果 x 是 s 的元素,那么返回 False
s+t	连接 s 和 t
s*n 或 n*s	将序列 s 复制 n 次
s[i]	返回序列 s 的第 i+1 个元素
s[i:j]	分片,返回序列 s 中从第 i 个到第 j-1 个元素的子序列
s[i:j:k]	返回包含 s 第 i 个到第 j 个元素以 k 为步长的子序列
len(s)	序列 s 的元素个数
min(s)	序列 s 中的最小元素
max(s)	序列 s 中的最大元素
s.index(x[,i[,j]])	序列 s 中从索引 i 到索引 j 所代表的元素中第一次出现元素 x 时的索引
s.count(x)	序列 s 中出现 x 的总次数

2. 集合类型

集合类型(标识符为 set)是一个元素集合,元素之间无序,相同元素在集合中唯一存在。Python 语言中的集合类型与数学中的集合概念一致,即包含 0 个或多个数据项的无序组合。集合类型是一个具体的数据类型,用于处理不重复的元素集合,支持集合运算,如并集、交集和差集。

集合中的元素不可重复。

集合用大括号表示,可以用赋值语句生成一个集合:

```
s={425,"BIT",(10,"CS"),424}
t={425,"BIT",(10,"CS"),424,425,"BIT"}
```

set()函数可以生成集合,输入的参数可以是任何组合数据类型,返回结果是一个无重复且排序任意的集合。

由于集合是无序组合,没有索引和位置的概念,因此不能分片,但可以动态地增加和删除。

集合类型的相关操作符如表 6.2 所示。

表 6.2 集合类型的相关操作符

定义	描述	
s-t 或 s.difference(t)	返回新集合,两集合的差	差集
s-=t 或 s.diffrence_update(t)	更新集合 s,包括两集合的差集	
s&t 或 s.intersection(t)	返回新集合,两集合的交集	交集
s&=t 或 s.intersection_update(t)	更新集合 s,包括两集合的交集	
s^t 或 s.symmetric_difference(t)	返回新集合,两集合的并集减去两集合的交集	对称集
s^=t 或 s.symmetric_difference_update(t)	更新集合 s,包括两集合的并集减去两集合的交集	
s|t 或 s.union(t)	返回新集合,两集合的并集	并集
s|=t 或 s.update(t)	更新集合 s,包括两集合的并集	
s<=t 或 s.issubset(t)	当 s 是 t 的子集时,返回 True	补集
s>=t 或 s.issuperset(t)	当 s 是 t 的超集时,返回 True	

集合类型的部分操作函数或方法如表 6.3 所示。

表 6.3 集合类型的部分操作函数与方法

操作函数或方法	描述
s.add(x)	如果数据项 x 不在集合中,那么将 x 增加到 s
s.clear()	移除 s 中的所有数据项
s.copy()	返回集合 s 的一个副本
s.pop()	随机返回 s 中的一个元素,如果 s 为空,那么抛出 KeyError 异常
s.discard(x)	如果 x 在集合 s 中,那么移除;如果不在 s 中,那么不报错
s.remove(x)	如果 x 在集合 s 中,那么移除;如果不在 s 中,那么抛出 KeyError 异常
s.isdisjoint(t)	如果 s 和 t 没有相同元素,那么返回 True
len(s)	返回集合 s 的元素个数
x in s	如果 x 是 s 的元素,那么返回 True,否则返回 False
x not in s	如果 x 不是 s 的元素,那么返回 True,否则返回 False

3. 映射类型

映射类型是"键-值"数据项的组合,每一个元素是一个键值对,表示为(key,value)。映射类型的典型代表是字典类型(标识符为 dict)。字典是一种非常灵活的数据结构,它允许我们根据键来快速查找、添加或修改对应的值。

字典是"键-值"数据项的组合,一个元素是一个键值对(key,value),元素之间是无序的。其中键表示一个属性;值是属性的内容,描述对应属性的取值。

通过任意键值查找一组数据中信息的过程称为映射,在 Python 中通过字典实现映射,通过花括号"{}"建立映射。建立模式如下:

{<键1>:<值1>,<键2>:<值2>,…,<键n>:<值n>}

使用"{}"可以直接创建字典,还可以使用内置函数dict()创建字典。

```
d1={}                    #创建空字典
d2={'A': '123', 'B': '135', 'C': '680'}
d3={'A': 123, 12: 'python'}
d4=dict()
d5=dict({'A': '123', 'B': '135'})
dataset1={
    'data': [
        [random.randint(1, 10) for _ in range(10)],
        [random.random() for _ in range(10)],
        [random.uniform(0, 1) for _ in range(10)]
    ],
    'target':[1]}
```

字典dataset1中创建了两个键为data和target的字典元素,其中键为data的元素对应的值为二维列表。在以".mat"格式存储的数据表中,当使用Python读取时,会将其读取为字典。

6.1.3 任务实施

1. 模拟信号与读取

回到任务1,任务要求使用组合数据类型创建一个模拟的三通道的振动信号以及该信号对应的刀具磨损状态,最简单的方式是利用字典的创建方法创建一个具备两个键值的字典:

```
dataset={
    'data':[
        [0.5,0.6,0.9,1.2,1.4,1.6,1.8,2.2,2.5,2.8],
        [1.5,2,2.5,3,3.5,4,4.5,5,5.5,6],
        [4,4.5,5,5.5,6,6.5,7,7.5,8,8.5]
    ],
    'target':[5]}
```

其中,dataset表示数据集,以字典的形式存储,其内有2个键,一个是data,另一个是target。data是组合列表的形式,每个子列表代表一列的振动信号数据。该模拟数据是传感器从一次加工过程中采集而来的。加速度传感器有3个通道,可以采集到x、y、z共计3列信号,将其存储在组合列表的3个子列表中。target相当于这一次加工之后测量的刀具磨损值,根据此磨损值可以将刀具划分为初期快速磨损、中期稳定磨损以及后期急剧磨损阶段。

有了 dataset 加工数据之后，就可以直接进行读取，利用键值访问振动信号和磨损值（或磨损状态）的代码如下：

```
vibration_data=dataset['data']      # 通过 data 键获得了振动信号的数据，类型为列表
v_x=vibration_data[0]               # 通过列表索引获得 x 通道的振动数据
v_y=vibration_data[1]               # 获得 y 通道数据
v_z=vibration_data[2]               # 获得 z 通道数据
vibration_data=dataset['target']    # 通过 target 键获得标签即磨损值（或状态）数据
```

上述代码使用了字典的键值读取以及列表的索引元素访问功能。

还可以使用 random 库随机生成数据，其代码如下：

```
dataset1={
    'data':[
        [random.randint(1,10) for _ in range(10)],
        [random.random() for _ in range(10)],
        [random.uniform(0,1) for _ in range(10)]
    ],
    'target':[1]}
```

上述代码使用列表推导式生成了模拟数据。字典类型是一种很友好的存储工业原始数据、中间处理数据、结果数据等的数据类型，在给定的". mat"格式的数据表中存储的结构体形式在经过 Python 读取之后即为字典类型。

2. CSV 文件的读取

针对给定的 CSV 格式的振动信号，可以使用 Pandas 库读取，Pandas 库的详细用法见项目 8。读取任务引入中的振动信号与力信号的代码如下：

```
import pandas as pd                        # 引用 Pandas 库
vibration = "vibration_1. csv"
force = "force_1. txt"
vibration_data=pd. read_csv(vibration)     # 使用 read_csv()函数读取振动信号数据
force_data=pd. read_csv(force)             # 使用同样的方式读取力信号数据
```

上述代码使用 Pandas 库读取了 CSV 文件，还可以使用 Pandas 库中的函数访问 CSV 中每个通道的数据。例如访问 x 通道数据即第一列数据可以使用以下代码：

```
vibration_data=pd. read_csv(vibration)     # 使用 read_csv()函数读取振动信号数据
v_x=vibration_data. iloc[:,0]              # 使用 iloc()函数访问所有的行以及第 0 列
```

上述代码使用了 Pandas 库中的 iloc()函数，该方法使用索引访问其中的行与列，行列通过逗号隔开，":"表示所有的行，"0"表示第 0 列。

3. ".mat"文件的读取

".mat"格式的数据也是工业上经常遇到的数据存储格式。".mat"文件是 MATLAB 中使用的一种数据文件格式,主要用于存储变量、数组、矩阵等数据。可以使用 scipy.io 模块将其读取为 Python 数据格式,详细代码如下:

```
import scipy.io as mat
nasa_mill = "mill.mat"
# 读取".mat"文件
mat_data = mat.loadmat(nasa_mill)
print(type(mat_data))
print(mill_data.keys())    # dict_keys(['__header__', '__version__', '__globals__', 'mill'])
```

上述代码的输出为:

```
<class 'dict'>
dict_keys(['__header__', '__version__', '__globals__', 'mill'])
```

该代码中使用 SciPy 库读取之后的 mat_data 为字典格式,使用 keys()函数获得了该字典所有的键,刀具相关的加工信号都存放在键'mill'中。感兴趣的读者可以尝试读取该数据,其结构复杂,通过多维的 Numpy 数据(详细用法见项目 8)、多维列表等嵌套而成。

6.2 简单特征提取与存储

6.2.1 任务引入

通过对刀具的振动信号和磨损值进行特征提取处理,可以有效监测刀具的工作状态,预测刀具的剩余使用寿命,从而及时进行刀具更换或维护,保障生产过程的稳定性和可靠性。针对振动信号和磨损值数据,提取一系列有意义的特征。例如可以提取统计特征(如均值、标准差、最大值、最小值等),将提取的特征以合适的方式存储起来,方便后续的分析和使用。提示:可以使用字典、Pandas 等数据结构存储特征数据。

6.2.2 知识储备

1. 字典的相关函数或方法

若要访问字典 dataset 中的振动信号,则使用字典中的键来访问对应的值,即通过 data 键访问刀具 x、y、z 三个通道的振动信号。如果访问的键不存在,那么可以使用 get()函数避免抛出异常。

```
value = dataset['data']           # 访问刀具的振动信号值
value1 = dataset.get('key', default_value)
```

字典中的值可以直接通过键来修改，如果要修改刀具的磨损值，那么可以通过 target 键进行修改。

```
dataset['target']=3              # 将 target 键的值修改为 3
```

如果访问的键在字典中不存在，那么赋值操作会自动将新的键值对添加到字典中，为字典添加新的元素。

```
dataset['new_key']='value'
```

如果删除字典元素，那么使用 del 语句。

```
del dataset['key']
```

如果要删除字典的所有元素，也就是清空字典，那么可使用 clear() 函数清空整个字典。

```
my_dict.clear()
```

若要检查构建的刀具数据字典中是否已经存入振动信号和磨损值，则可通过 in 关键字检查相应的键是否存在。

```
if 'data' in dataset：            # 检查刀具振动信号是否在字典中存在
if 'target' in dataset：          # 检查刀具磨损值是否在字典中存在
```

也可通过 in 关键字遍历刀具数据字典，查看字典中的振动信号和磨损值。

```
for key in my_dict
```

还可使用 len() 函数、copy() 函数、update() 函数、sorted() 函数实现对刀具数据字典的长度统计、复制、合并和排序操作，代码如下所示：

```
# 测量字典的长度
length=len(dataset)
# 复制字典
new_dict=my_dict.copy()
# 合并字典
my_dict.update(other_dict)
# 对键进行字典排序
sorted_keys=sorted(my_dict.keys())
# 对值进行字典排序
sorted_values=sorted(my_dict.values())
# 同时对键和值进行字典排序（返回元组列表）
sorted_items=sorted(my_dict.items())
```

刀具数据字典涉及的数据分为键、值和元素（键值对），除了直接利用键访问值外，Python 还提供了内置函数 keys()、values() 和 items()。

```
import scipy.io as mat
nasa_mill = "mill.mat"
# 读取".mat"文件
mat_data = mat.loadmat(nasa_mill)
print(type(mat_data))
print(mill_data.keys())      # 获得所有的键
print(mill_data.values())    # 获得所有的值
print(mill_data.items())     # 获得所有元素
```

2. NumPy 库

NumPy（"Numerical Python"的简称）是一个开源的 Python 科学计算库，它为 Python 提供了强大的多维数组对象和用于处理这些数组的函数。其核心是 ndarray，ndarray 是一个高效的多维数组容器，用于存储和处理大规模的数据。此外，NumPy 还提供了大量的数学函数，用于数组之间的操作，以及线性代数、傅里叶变换和随机数生成等功能，这使得它在科学计算和数据分析中非常强大。

NumPy 库中的函数非常丰富，本部分只介绍其中一些用到的功能函数，详细的用法可以参考项目 8。

（1）numpy.random.normal()

该函数用于生成服从正态分布（高斯分布）的随机数。其函数原型为：

```
numpy.random.normal(loc=0.0, scale=1.0, size=None)
```

各个参数的解释如下：

loc：浮点数，表示正态分布的均值（默认值为 0.0）。
scale：浮点数，表示正态分布的标准差（默认值为 1.0）。标准差必须是非负的。
size：整数或元组，表示要生成的随机数的形状。如果未指定，那么生成单个值。

该函数返回一个 NumPy 数组，该数组包含指定数量的服从正态分布的随机数。

该函数可用于生成服从一定分布的模拟数据，在工业数据处理中，常用于各种模拟数据的生成。示例代码如下：

```
import numpy as np
# 生成一个均值为0、标准差为1的随机数
random_value = np.random.normal(loc=0, scale=1)
# 生成10个均值为5、标准差为2的随机数
random_values = np.random.normal(loc=5, scale=2, size=10)
# 生成一个3×4的数组，均值为0、标准差为1
random_array = np.random.normal(loc=0, scale=1, size=(3, 4))
```

(2) numpy.std()

该函数用于计算数组的标准差。标准差是数据集中每个数据点与均值之间差异的度量,它反映了数据的离散程度。其函数原型为:

numpy.std(a, axis=None, dtype=None, out=None, ddof=0, keepdims=False)

其中,较为常用的两个参数为 a 和 axis。a 表示输入的数组,可以是列表、元组或 NumPy 数组;axis 为整数或元组,指定计算标准差的轴,默认为 None,表示计算整个数组的标准差。示例代码如下:

```python
import numpy as np

# 计算一维数组的标准差
data=[1, 2, 3, 4, 5]
std_dev=np.std(data)
print(std_dev)                          # 输出:1.4142135623730951

# 计算二维数组的标准差
data=np.array([[1, 2, 3], [4, 5, 6]])
std_dev=np.std(data)
print(std_dev)                          # 输出:1.707825127659933

# 沿某个轴计算标准差
std_dev_axis0=np.std(data, axis=0)      # 沿行计算
print(std_dev_axis0)                    # 输出:[1.5 1.5 1.5]

std_dev_axis1=np.std(data, axis=1)      # 沿列计算
print(std_dev_axis1)                    # 输出:[0.81649658 0.81649658]
```

(3) numpy.max()、numpy.min() 和 numpy.mean()

这 3 个函数分别用于计算数组中的最大值、最小值和均值。其用法与计算标准差的函数类似。示例代码如下:

```python
import numpy as np

# 创建一个二维数组
data=np.array([[1, 2, 3],[4, 5, 6]])
# 计算最大值
max_value=np.max(data)
print("最大值:", max_value)              # 输出:最大值: 6
```

```python
max_value_axis0=np.max(data, axis=0)        # 沿行计算
print("沿行的最大值:", max_value_axis0)      # 输出:[4 5 6]

max_value_axis1=np.max(data, axis=1)        # 沿列计算
print("沿列的最大值:", max_value_axis1)      # 输出:[3 6]

# 计算最小值
min_value=np.min(data)
print("最小值:", min_value)                  # 输出:最小值:1

min_value_axis0=np.min(data, axis=0)        # 沿行计算
print("沿行的最小值:", min_value_axis0)      # 输出:[1 2 3]

min_value_axis1=np.min(data, axis=1)        # 沿列计算
print("沿列的最小值:", min_value_axis1)      # 输出:[1 4]

# 计算均值
mean_value=np.mean(data)
print("均值:", mean_value)                   # 输出:均值:3.5

mean_value_axis0=np.mean(data, axis=0)      # 沿行计算
print("沿行的均值:", mean_value_axis0)       # 输出:沿行的均值:[2.5 3.5 4.5]

mean_value_axis1=np.mean(data, axis=1)      # 沿列计算
print("沿列的均值:", mean_value_axis1)       # 输出:沿列的均值:[2 5]
```

(4) NumPy 与 Pandas 的转换

Numpy 和 Pandas 的数据之间可以互相转换,具体的方法如下:

```python
import numpy as np
import pandas as pd

#示例数据:NumPy 数组
numpy_array = np.array([[1, 2, 3], [4, 5, 6]])

#将 NumPy 数组转换为 Pandas DataFrame
#定义列名
columns = ['A', 'B', 'C']
#转换
```

```python
df_from_numpy = pd.DataFrame(numpy_array, columns=columns)

print("从 NumPy 数组转换为 Pandas DataFrame：")
print(df_from_numpy)
print()

# 将 Pandas DataFrame 保存为 CSV 文件
csv_filename = "data_from_numpy.csv"
df_from_numpy.to_csv(csv_filename, index=False, encoding='utf-8-sig')
print(f"Pandas DataFrame 已保存为 CSV 文件：{csv_filename}")
print()

# 从 CSV 文件加载数据并转换为 Pandas DataFrame(验证保存成功)
df_from_csv = pd.read_csv(csv_filename)
print("从 CSV 文件加载的 Pandas DataFrame：")
print(df_from_csv)
print()

# 将 Pandas DataFrame 转换为 NumPy 数组
numpy_array_from_df = df_from_csv.to_numpy()
print("从 Pandas DataFrame 转换为 NumPy 数组：")
print(numpy_array_from_df)
```

其输出为：

从 NumPy 数组转换为 Pandas DataFrame：
```
   A  B  C
0  1  2  3
1  4  5  6
```

Pandas DataFrame 已保存为 CSV 文件：data_from_numpy.csv

从 CSV 文件加载的 Pandas DataFrame：
```
   A  B  C
0  1  2  3
1  4  5  6
```

从 Pandas DataFrame 转换为 NumPy 数组：
```
[[1 2 3]
 [4 5 6]]
```

6.2.3 任务实施

回到任务 2,基于上面所列出的函数或者方法,实现刀具磨损数据的简单特征提取的代码如下:

```python
import numpy as np
# 假设有多个样本的振动信号和磨损值
data_dict = {
    'sample1': {
        'vibration_signals': np.random.normal(size=100),
        'wear_value': np.random.normal(scale=0.01)
    },
    'sample2': {
        'vibration_signals': np.random.normal(size=120),
        'wear_value': np.random.normal(scale=0.01)
    },
    # 可以添加更多样本
}
# 定义一个函数,提取振动信号的特征
def extract_vibration_features(signals):
    features = {
        'mean': np.mean(signals),
        'std': np.std(signals),
        'max': np.max(signals),
        'min': np.min(signals)
    }
    return features
# 提取所有样本的特征,并将它们存储在新的字典中
extracted_features = {}
for sample_id, sample_data in data_dict.items():
    vibration_signals = sample_data['vibration_signals']
    wear_value = sample_data['wear_value']
    # 提取振动信号的特征
    features = extract_vibration_features(vibration_signals)
    # 将特征、磨损值和样本 ID 组合成一个新的字典项
    extracted_features[sample_id] = {
        'features': features,
        'wear_value': wear_value
    }
```

```python
# 打印提取的特征
for sample_id, sample_info in extracted_features.items():
    print(f"Sample ID: {sample_id}")
    print("Vibration Features:")
    for feature, value in sample_info['features'].items():
        print(f"{feature}: {value}")
    print(f"Wear Value: {sample_info['wear_value']}")
    # 添加空行以分隔不同样本的输出
    print()
# 将提取的特征保存为 Pandas DataFrame 及 CSV 格式
# 创建一个空的列表,用于存储所有样本的数据
data_for_df = []
for sample_id, sample_info in extracted_features.items():
    # 提取特征和磨损值
    features = sample_info['features']
    wear_value = sample_info['wear_value']
    # 将样本 ID、特征和磨损值组合成一个字典
    sample_data = {
        'Sample_ID': sample_id,
        'Mean': features['mean'],
        'Std': features['std'],
        'Max': features['max'],
        'Min': features['min'],
        'Wear_Value': wear_value
    }
    # 将字典添加到列表中
    data_for_df.append(sample_data)
# 将列表转换为 Pandas DataFrame
df = pd.DataFrame(data_for_df)
# 保存 DataFrame 为 CSV 文件
df.to_csv("extracted_features.csv", index=False, encoding='utf-8-sig')
```

代码示例展示了如何生成多个样本的振动信号和磨损值,并提取这些振动信号的特征。其输出结果样式如下,因随机数据不同,此处结果会有所不同。

```
Sample ID: sample1
Vibration Features:
    mean: -0.045123456
    std: 0.991234567
    max: 2.34567890
    min: -2.45678901
Wear Value: 0.00567890

Sample ID: sample2
Vibration Features:
    mean: 0.12345678
    std: 1.23456789
    max: 2.98765432
    min: -1.87654321
Wear Value: 0.00830080
```

6.3 多序列特征提取

6.3.1 任务引入

刀具在单次加工过程中采集到的数据信号较多,像PHM2010数据集每一次加工能够采集十几万到二十万个数据点的振动信号。通过对原始信号进行子序列划分,提取更多的信号时序特征,以实现对刀具加工状态的全面、准确描述,也可以为后续人工智能模型的训练提供高质量的数据基础。本任务要求实现每个加工数据样本的子序列划分、相关特征的提取、特征存储以及可视化功能。

6.3.2 知识储备

1. JSON(JavaScript Object Notation,JavaScript 对象表示法)格式

JSON 是一种轻量级的数据交换格式,易于人类阅读和编写,也易于机器解析和生成。Python 提供了内置的 json 库,用于处理 JSON 格式数据,包括保存和加载数据。示例代码如下:

```
import json    # 引用json库,用于处理JSON格式数据

# 创建数据字典,包含不同类型的数据
data={
    "name": "Alice",              # 字符串类型
    "age": 30,                    # 整数类型
```

```
        "is_student": False,                    # 布尔值
        "courses": ["Math", "Science"],         # 列表,包含多个字符串
        "address": {                            # 嵌套字典
            "city": "New York",                 # 字符串类型
            "zip": "10001"                      # 字符串类型
        }
    }

    # 保存数据到 JSON 文件
    with open('data.json', 'w') as json_file:   # 以写入模式打开文件
        json.dump(data, json_file, indent=4)    # 将数据写入文件,使用缩进以格式化输出

    print("Data saved to 'data.json'")          # 提示用户数据已保存

    # 从 JSON 文件加载数据
    with open('data.json', 'r') as json_file:   # 以读取模式打开文件
        loaded_data=json.load(json_file)        # 从文件中加载数据到变量

    print(loaded_data)                          # 打印加载的数据以验证
```

2. Pickle 库

Pickle 是 Python 中用于序列化和反序列化对象的库,允许将 Python 对象(如列表、字典、类的实例等)保存到文件中,以便将来恢复使用。使用 Pickle 库可以方便地保存复杂的数据结构,适合在 Python 环境内使用。

```
    import pickle                               # 引用 Pickle 库

    # 创建数据
    data={
        'name': 'Alice',
        'age': 30,
        'courses': ['Math', 'Science']
    }

    # 保存数据到".pkl"文件
    with open('data.pkl', 'wb') as pkl_file:    # 以二进制写入模式打开文件
        pickle.dump(data, pkl_file)             # 将数据序列化并写入文件

    print("Data saved to 'data.pkl'")           # 提示用户数据已保存
```

```python
# 从".pkl"文件加载数据
with open('data.pkl', 'rb') as pkl_file:        # 以二进制读取模式打开文件
    loaded_data=pickle.load(pkl_file)           # 从文件中反序列化对象

print(loaded_data)                              # 打印加载的数据以验证
```

3. np.save()函数

该函数用于将数组保存到二进制文件中,以便在后续的程序中重新加载。这个函数非常适合保存大型数组,因为它使用一种高效的二进制格式。

```python
import numpy as np                              # 引用 NumPy 库

# 创建一个 NumPy 数组
data=np.array([[1,2,3],[4,5,6]])               # 2×3 的数组

# 保存数组到".npy"文件
np.save('data.npy', data)                       # 将数组保存为"data.npy"

print("Data saved to 'data.npy'")               # 提示用户数据已保存

# 从".npy"文件加载数据
loaded_data=np.load('data.npy')                 # 从文件中加载数组

print(loaded_data)                              # 打印加载的数据以验证
```

JSON、Pickle库的".pkl"和NumPy库的".npy"格式各有特点。JSON是轻量级的文本格式,易于人类阅读和跨语言使用,适合配置文件和数据交换,但不支持复杂数据类型。Pickle库的".pkl"格式是Python专用的序列化格式,能够保存几乎所有的Python对象,包括自定义类,适合模型保存和复杂数据持久化,但存在安全风险且不适合跨语言使用。NumPy的".npy"格式则专注高效保存和读取多维数组,特别适合科学计算和机器学习,但仅限于NumPy使用,文件为二进制格式,不易于人类直接读取。选择哪种格式主要取决于数据的复杂性、用途和兼容性需求。

6.3.3 任务实施

```python
import numpy as np

# 创建数据集,使用正态分布数据
dataset={
    'data':[
```

```
        np.random.normal(loc=5, scale=2, size=10000),  # 正态分布,均值为5,标准差为2
        np.random.normal(loc=0, scale=1, size=10000),  # 正态分布,均值为0,标准差为1
        np.random.normal(loc=0.5, scale=0.1, size=10000)  # 正态分布,均值为0.5,标准差为0.1
    ],
    'target': [1]           # 目标值
}
# 获取字典中 data 数据
data=dataset['data']

sub_num=3                              # 假设将原始振动信号划分成3组子信号
sub_point=len(data[0]) // sub_num      # 计算每组大约有多少个数据点

final_data=[]                          # 用于存储划分完之后的各组振动信号

# 对每组子信号进行迭代
for i in range(sub_num):
    sub_data=[]                        # 用于存放每组信号
    for j in data:                     # 对每个振动信号的列 x、y、z 分别进行操作
        # 按照计算的每组的数据点数进行划分
        sub=j[i * sub_point:i * sub_point + sub_point]
        sub_data.append(sub)           # 划分完之后加入 sub_data 中
    final_data.append(sub_data)        # 将每组划分好的数据作为一个元素存放在 final_data 中
print(final_data)                      # 测试输出

# 针对每个划分好的子信号提取9个特征表示
features=[]
for i in final_data:
    print(i)
    feature=[]
    for j in i:
        max_value=max(j)
        min_value=min(j)
        avg_value=sum(j) / len(j)
        feature.append(max_value)
        feature.append(min_value)
        feature.append(avg_value)
    features.append(feature)
# 输出提取的特征
print(features)
# 将 features 转换为 NumPy 数组
```

```python
features_array=np.array(features)

# 保存特征到".npy"文件
np.save('features.npy', features_array)

print("Features saved to 'features.npy'")
```

项目总结

本项目通过运用Python的组合数据类型知识，成功地对刀具磨损数据进行了深入分析，为后续精准预测打下了数据基础。在数据处理阶段，利用Python的字典、列表、元组等数据结构，对刀具磨损数据进行了有效的组织和管理。Python组合数据类型在数据处理和模型构建中具有重要作用。这些数据类型不仅能高效地处理和管理数据，还提高了数据分析和模型训练的准确性和效率。

项目拓展

刀具的振动信号以图6.3的形式展示，使用Matplotlib库可以绘制刀具振动信号的图形，可以直观地展示刀具在工作过程中振动幅度的变化情况，有助于快速识别振动异常、分析振动原因，并评估刀具的工作状态和性能，为优化刀具设计和使用提供重要参考。有关Matplotlib库的详细用法参考项目8。

```python
import matplotlib.pyplot as plt
import numpy as np
# 假设已经有了一个包含振动数据的 NumPy 数组
# 这里使用一些随机数据作为示例
# 时间轴，例如从 0~10 s，共 1 000 个点
time=np.linspace(0, 10, 1000)
#示例振动数据，包含 5 Hz 的正弦波和噪声
vibration_data=0.5 * np.sin(2 * np.pi * 5 * time) + 0.1 * np.random.randn(1000)
# 绘制振动信号图
plt.rcParams['font.sans-serif'] = 'SimHei'
plt.rcParams['axes.unicode_minus']=False
plt.figure(figsize=(10, 5))                              # 设置图形大小
plt.plot(time, vibration_data, label='刀具振动信号')      # 绘制振动信号，并添加图例标签
plt.title('刀具振动信号图')                               # 设置图形标题
plt.xlabel('时间 (s)', fontsize=16)                      # 设置 x 轴标签
plt.ylabel('振动幅度', fontsize=16)                      # 设置 y 轴标签
plt.grid(True)                                           # 显示网格
plt.legend()                                             # 显示图例
plt.show()                                               # 显示图形
```

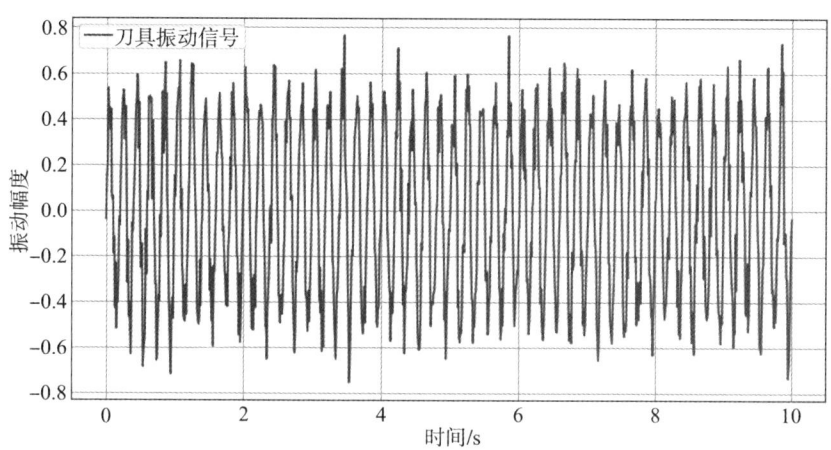

图 6.3　刀具振动信号

注：振动幅度是随机生成的数据，无单位。

除此之外，还可以对提取到的特征进行可视化分析，以查看特征与目标值的相关性。

▼ 拓展阅读

中国工业的崛起与智能制造的未来

中国作为全球制造业大国，已经连续 15 年保持制造业总体规模全球第一。在全球 500 多种主要工业品中，中国有 220 多种产品产量位居世界第一。从传统制造业到高端装备制造，中国工业展现出强大的实力。例如，截至 2024 年，中国的船舶下水吨位占全球市场的 1/2 以上，承接订单占全球市场的 3/4。此外，中国在新能源汽车、光伏、动力电池等领域也占据全球主导地位，相关产出占全球 2/3 以上。

智能制造是中国制造业转型升级的关键方向。近年来，中国在智能制造领域取得了显著成就。党的十八大以来，规模以上高技术制造业增加值年均增长 10.3%，2023 年，高技术制造业增加值占规模以上工业增加值的比重为 15.7%，比 2012 年提高 6.3 个百分点。涌现出离散型智能制造、流程型智能制造、网络协同制造等多种新模式。工业互联网实现工业大类全覆盖，算力总规模居全球第二位，工业机器人装机量占全球比重超 50%。重点工业企业数字化研发设计工具普及率达 80.1%，关键工序数控化率达 62.9%。大飞机、新能源汽车、高速动车组等领域示范工厂产品研发周期大约缩短 30%，生产效率同步提升近 30%。

中国制造业的未来充满希望。一方面，中国拥有完整的产业链供应链体系，能够快速响应市场需求。另一方面，中国在高端装备制造、新能源、人工智能等领域不断创新，推动产业向高端化、智能化、绿色化发展。例如，2023 年，中国服务机器人产量达 783.3 万套，3D 打印设备产量达 278.9 万台，分别同比增长 23.3% 和 36.2%。此外，中国在绿色能源转型方面也表现出色，新能源汽车、太阳能电池、汽车用锂离子动力电池等"新三样"相关产品产量增长迅速。

工业人的奋斗精神

中国工业的成就离不开工业人的奋斗精神。他们吃苦耐劳,在艰苦的环境中坚守岗位,确保生产的顺利进行。他们紧跟时代步伐,不断学习新技术,提升自身能力。在智能制造领域,工业人积极探索新技术的应用,推动产业升级。他们追赶超越,勇于挑战国际领先水平,为中国工业的崛起贡献力量。正是这种奋斗精神,让中国工业在全球竞争中脱颖而出,不断迈向新的高度。

中国工业的崛起是中国工业人智慧和汗水的结晶。在智能制造的浪潮中,他们将继续发扬奋斗精神,推动中国制造业迈向全球价值链中高端,为实现制造强国的目标而努力奋斗。

练习

一、单项选择题

1. 在 Python 中,以下哪个选项是组合数据类型?
   A. int　　　　　　B. float　　　　　C. list　　　　　　D. bool

2. 在 Python 中,字典的键值对是如何表示的?
   A. key：value　　　　　　　　　　B. key => value
   C. key=value　　　　　　　　　　D. key, value

3. 以下哪个 Python 语句可以创建一个包含三个整数的元组?
   A. t=(1, 2, 3)　　　　　　　　　　B. t=[1, 2, 3]
   C. t={1, 2, 3}　　　　　　　　　　D. t={1: 'one', 2: 'two', 3: 'three'}

4. 在 Python 中,以下哪个函数可以用来检查一个元素是否存在于列表中?
   A. list.append()　　　　　　　　　B. list.remove()
   C. list.index()　　　　　　　　　　D. list.in()

5. 在 Python 中,如何向字典中添加一个新的键值对?
   A. dict.append(key, value)　　　　　B. dict.add(key, value)
   C. dict[key]=value　　　　　　　　D. dict.insert(key, value)

二、编程题

智能制造是制造业与信息技术深度融合的产物,代表着制造业的未来发展方向。它通过物联网、大数据、人工智能等技术,实现生产过程的智能化、自动化和高效化。智能制造不仅提高了生产效率,还显著提升了产品质量和企业的竞争力。在全球制造业竞争日益激烈的背景下,智能制造已成为各国制造业发展的核心战略。在智能制造中,刀具是加工过程中的关键部件,其性能直接影响加工效率和产品质量。刀具磨损是不可避免的现象,但过度磨损会导致加工精度下降、加工效率降低,甚至引发设备故障。因此,刀具的预测性维护成为智能制造中不可或缺的一部分。通过实时监测刀具磨损情况,提前预测刀具的更换时间,可以有效缩短停机时间,降低生产成本,提高生产效率。万能工具显微镜是一种高精度的测量设备,广泛应用于刀具磨损的测量。它能够精确测量刀具的尺寸和磨损情况,提供微米级别的测量精度。万能工具显微镜可以获取刀具磨损的详细数据,为刀具的预测性维护提供科学依据。在智能制造中,万能工具显微镜的自动化测量功能与数据分析系统相结合,能够实现对刀具磨损的实时监测和智能分析。为了提高智能制造的效率和质量,某工厂采用了一把铣刀进行68次加工任务。每次加工后,使用万能工具显微镜测量铣刀的4个刃上的磨损值。这些数据被记录下来,用于分析刀具磨损的变化趋势,以便制定合理的刀具更换策略。

通过以上信息完成程序设计,实现类似于图6.4的可视化结果,详细要求如下:

(1)使用Python模拟生成刀具磨损数据,并将数据存入一个字典。字典的键为cycle1,cycle2,…,cycle68,值为每次加工的4个刃上的磨损值,存储在一个列表中。磨损值被随机生成为1~150 μm 范围内的浮点数并保留两位小数。

(2)读取该字典后,计算每次加工中4个刃上的平均磨损值、最大磨损值和最小磨损值,并分别将这些值保存在两个列表中。

(3)使用不同的线型绘制代表68次加工中的最大磨损值、最小磨损值和平均磨损值的曲线图,以便直观地展示刀具磨损的变化趋势。

(4)给出刀具更换的建议,比如:平均磨损值大于110 μm 时应进行更换。

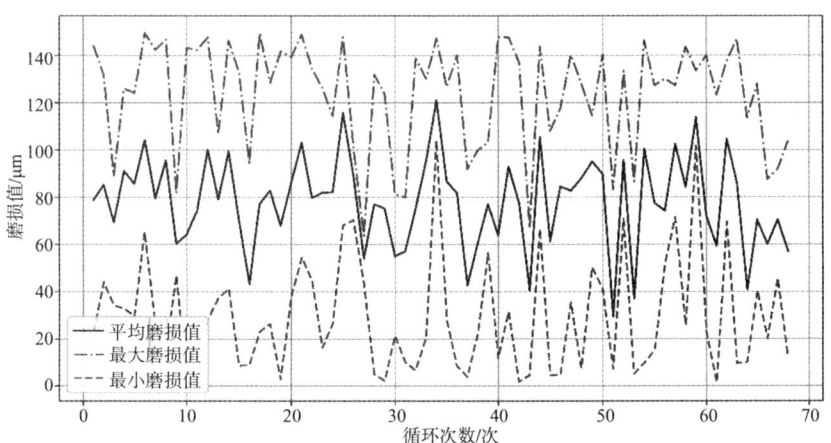

图6.4 可视化结果示意图

模块三

Python 应用与实战

模块三通过项目 7 和项目 8 融入了金融大数据分析、文本分析、工业大数据分析等 Python 应用与实战内容。读者通过学习可以掌握 Python 的文件操作,常用文本处理库 Jieba 及 WordCloud 的使用,常用第三方库 PyInstaller、NumPy、Matplotlib 及 Pandas 等的使用。

项目 7　金融大数据分析——股票数据处理

当前,时序数据处理是一大研究热点。本项目以金融大数据分析以及股票数据处理为例,介绍 Python 中文件读写、数据处理与可视化相关内容。本项目共 3 个任务,读者可以通过本项目学习到 Python 的基本文件操作、CSV 数据读写与处理、经典分词与词云工具使用以及多种数据分析相关方法。经过学习此项目后,读者可以学习自然语言处理、推荐系统、时序预测等进阶内容。

学习目标

1. 知识目标

掌握文件操作的基本方法,包括文件的打开、读取、写入和关闭等;

了解数据的不同维度,以及不同维度数据的处理方式;

熟悉中文文本数据处理工具和方法,如 Python 中的 Jieba 库和 WordCloud 库。

2. 能力目标

能够运用文件操作和数据处理工具,对股票交易数据进行有效的整理;

能够对文本进行分析和可视化展示;

能够编写简洁、规范的代码,并具备良好的代码调试和错误排查能力。

3. 素质(思政)目标

培养学生严谨的数据处理态度和良好的团队合作精神;

提高学生的逻辑思维能力和问题解决能力;

增强学生的创新意识和实践能力,为未来的职业发展打下基础。

学习重难点

1. 学习重点

理解文件路径的概念,并熟悉相对路径和绝对路径的使用;

掌握文本文件和二进制文件的操作差异,能够根据实际需求选择合适的文件处理方式;

掌握一维数据和二维数据在数据处理和分析中的不同应用场景和优势;

熟悉 WordCloud 库的使用,能够生成并定制个性化的词云图。

2. 学习难点

理解文件操作中可能出现的异常(如文件不存在、文件读取错误等),并正确理解数据的维度;

在使用 Jieba 库进行分词时,如何根据具体需求进行自定义词典的加载和使用。

案例

　　A 证券公司作为国内领先的金融服务提供商，近年来积极拥抱大数据时代的浪潮，倾力打造金融大数据分析平台，以实现对证券市场的深度挖掘和精准分析。该平台汇聚了海量的证券市场数据，包括但不限于股票价格、成交量、市盈率、市净率等关键指标，同时结合宏观经济数据、行业趋势以及公司内部的客户交易数据，构建了一个全面而精细的数据资源池。高效的存储和处理系统，使得 A 证券公司的分析师能够迅速获取所需信息，对市场动态进行实时监控。

　　在数据分析方面，A 证券公司不仅采用了传统的统计分析方法，还引入了先进的 Python 机器学习算法和深度学习技术。这些技术使得公司能够从海量数据中挖掘出更深层次的信息，揭示市场趋势和潜在风险。同时，自然语言处理技术的运用，使得公司能够对财经新闻、研究报告等文本数据进行情感分析和主题提取，进一步丰富了投资决策的信息来源。

　　通过该大数据分析平台，A 证券公司在多个方面取得了显著成效。一是在市场趋势预测方面，公司能够利用历史数据和算法模型，对股票价格指数走势进行准确预测，为客户提供及时、有效的买卖建议。二是在风险评估与管理方面，公司通过对投资项目的深入分析，能够准确识别潜在风险，并为客户制定相应的风险应对措施。三是在个性化投资策略制定方面，公司能够根据客户的风险偏好、投资目标和资产规模等因素，为客户量身定制适合其需求的投资组合，实现资产的优化配置。

项目引入

　　随着中国经济的快速发展，证券市场在国民经济中的地位日益凸显。中国证券市场起始于晚清政府时期，经历了从萌芽到空白，再到改革开放后的逐步发展和壮大的历程。特别是改革开放以来，证券市场逐渐成了中国经济发展的重要引擎之一，为众多企业提供了融资平台，也为投资者提供了多元化的投资选择。

　　然而，与证券市场的快速发展相对立的是，数据处理和分析能力的滞后。传统的数据处理方法往往效率低下，难以应对日益庞大的数据量，也无法满足投资者对信息准确性和及时性的需求。因此，提高数据处理和分析能力，成为证券市场发展的迫切需求。

　　Python 作为一种高效、易学的编程语言，在数据处理和分析方面有着得天独厚的优势。通过 Python 的文件操作和数据处理技术，我们可以轻松实现对股票数据的收集、存储、读取以及分析。这不仅可以大大提高数据处理的效率，还可以为投资者提供更加准确、及时的信息支持。

　　基于这样的背景，本项目以中国证券市场为背景，通过 Python 的文件操作和数据处理技术，对股票数据进行收集、存储、读取和分析。通过本项目的学习，读者将掌握文件操作的基础知识，以及如何处理和分析一维、二维数据，同时还将学习使用中文文本处理工具，对股票市场的新闻或评论进行文本分析。本项目不仅有助于提升数据处理和分析能力，还有助于更好地理解和把握证券市场的运作规律。

项目分析

本项目需要完成以下 3 个任务：

任务 1　文件操作与存储

（1）学习并掌握 Python 中文件的基本操作，包括文件的打开、读取、写入和关闭。

（2）将整理好的股票数据保存到 CSV 文件中，以便后续的数据处理和分析。

任务 2　基础数据处理与分析

任务 3　文本数据处理

（1）收集与股票市场相关的新闻或评论数据，保存为文本文件。

（2）使用 Jieba 库对文本数据进行中文分词处理，将连续的文本切分为独立的词汇。

（3）利用 WordCloud 库生成词云图，直观地展示文本数据中的关键词和热点，揭示市场情绪和投资者态度。

本项目涉及的知识点如图 7.1 所示。

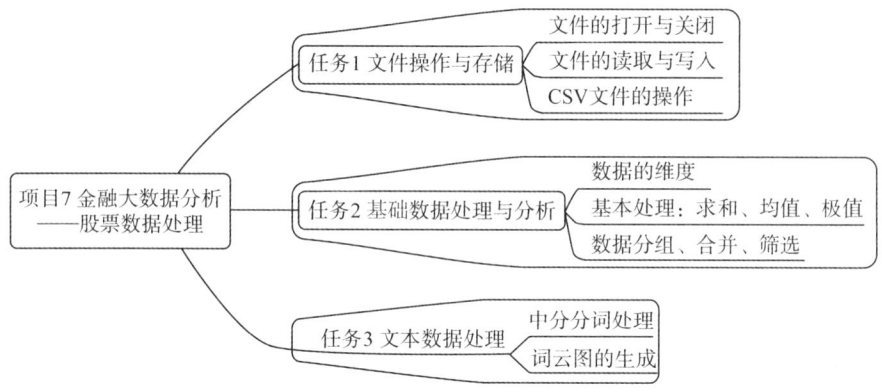

图 7.1　股票数据处理项目的知识架构图

7.1　文件操作与存储

7.1.1　任务引入

在实际生活中，数据通常被保存在各类文件中，要实现对数据的处理，首先要掌握对文件的操作。具体任务包括处理不同类型的文件读取与写入操作，如文本文件、Excel 文件等，特别需要关注 CSV 文件的存储与读取。这涉及文件路径的设定、文件内容的解析、数据的提取与存储，以及 CSV 格式数据的规范化存储与高效读取。通过完成这一任务，读者能够正确、高效地从各类文件源中导入金融大数据项目中的数据，并以规范的格式进行存储，为后续的数据分析工作奠定坚实的基础。

7.1.2 知识储备

1. 文件类型

文件是一个存储在辅助存储器上的数据序列,可以包含任何数据内容。概念上,文件是数据的集合和抽象,类似地,函数是程序的集合和抽象。用文件形式组织和表达数据更有效也更灵活。文件包括两种类型:文本文件和二进制文件。

文本文件一般由单一特定编码的字符组成,如 UTF-8 编码,内容容易统一展示和阅读。大部分文本文件都可以通过文本编辑软件或文字处理软件创建、修改和阅读。由于文本文件存在编码,因此它也可以被看作是存储在磁盘上的长字符串。文本文件是人类可以直接阅读的文件,如 txt 文件等。

二进制文件直接由比特 0 和比特 1 组成,没有统一的字符编码,文件内部数据的组织格式与文件用途有关。二进制文件和文本文件最主要的区别在于是否有统一的字符编码。二进制文件由于没有统一的字符编码,只能当作字节流,而不能看作字符串。二进制文件是计算机能直接识别的文件,如 jpg 文件、exe 文件等。

无论是文件被创建为文本文件还是二进制文件,都可以用文本文件方式和二进制文件方式打开,但打开后的操作不同。

2. 文件的打开与关闭

Python 对文本文件和二进制文件的操作步骤相同,即"打开—操作—关闭"。在 Python 中,使用解释器内置的 open()函数打开文件,并实现该文件与一个程序变量的关联,open()函数格式如下:

＜变量名＞＝open(＜文件名＞,＜打开模式＞)

open()函数有两个参数:文件名和打开模式。"文件名"需要传入文件路径,"打开模式"用于控制使用何种方式打开文件。open()函数提供 7 种基本的打开模式,如表 7.1 所示。打开文件后,Python 会返回一个文件对象,这个对象拥有许多方法,可以用来读取或写入文件内容。

表 7.1 文件的打开模式

打开模式	描 述
r	只读模式,默认值,如果文件不存在,那么返回 FileNotFoundError
w	覆盖写模式,文件不存在则创建,存在则完全覆盖
x	创建写模式,文件不存在则创建,存在则返回 FileExistsError
a	追加写模式,文件不存在则创建,存在则在文件最后追加内容
b	二进制文件模式
t	文本文件模式,默认值
+	与 r、w、x、a 一同使用,在原功能基础上增加同时读写功能

打开模式使用字符串方式表示,根据字符串的定义,单引号或者双引号均可。文件使

用结束后要使用 close() 函数关闭文件,以释放内存,格式如下:

＜变量名＞.close()

例如,采用"r"即只读模式读取程序所在目录的 stock_data t.txt 文件。

```
file=open('stock_data.txt','r')    # 以只读模式打开文件
# 读取文件内容
# 处理文件内容
...
file.close()                        # 手动关闭文件
```

需要注意的是,虽然上面的代码能够正确打开和关闭文件,但在实际编程中,我们更推荐使用 with 语句打开文件。这是因为 with 语句可以确保文件在操作完成后被正确关闭,即使在读取或写入文件时发生了异常也是如此。这种方式被称为上下文管理协议,它提供了一种简化资源管理的机制。

```
# 使用 with 语句打开文件,无须显式关闭
with open('stock_data.txt','r') as file:
    content=file.read()
# 在这个缩进块之外,文件会自动关闭
# 处理文件内容
...
```

在这个例子中,当 with 语句块执行完毕后,文件会自动关闭,无须再调用 close() 函数。这种写法不仅更加简洁,而且更加安全,因为它能够确保文件在任何情况下都会被正确关闭。

文件的打开与关闭是文件操作中不可或缺的一环。正确打开文件,可以顺利读取或写入数据;而及时关闭文件,则可以确保资源得到妥善管理,避免资源浪费和潜在的安全问题。因此,在编写处理文件的 Python 代码时,应当格外重视文件的打开与关闭操作。

3. 文件的读写

在 Python 中,文件的读写操作是数据处理和分析的基础。当需要读取文件中的数据或者向文件中写入数据时,就需要使用文件读写的方法。下面将以股票交易数据为例,介绍 Python 中文件的读写操作,如表 7.2 所示。

表 7.2 文件的读取与写入方法

方法	描述
read([size])	从文件当前位置起读取 size 个字节,若无参数 size 或为负,则表示读取至文件结束为止,它返回为字符串对象
readline()	用于从文件读取整行,包括 "\n" 字符。若指定了一个非负数的参数,则返回指定大小的字节数,包括 "\n" 字符
readlines()	读取整个文件所有行,保存在一个列表变量中,每行作为一个元素

续表

方法	描述
write()	向文件中写入字符串(或字节串,仅适用写入二进制文件)
writelines()	向文件中写入字符串列表

注意：使用 write()和 writelines()函数两种方法时,打开文件的模式不可以为只读模式 "r"。

假设有一个名为 stock_data.txt 的文本文件,其中包含股票交易数据,每行记录一条交易记录,包括股票名称、成交量和成交额。

(1) read()函数：读取文件全部内容

```
with open('stock_data.txt', 'r') as file:
    content=file.read()
    print(content)
```

使用 read()函数可以一次性读取整个文件的内容,并将其存储在变量 content 中。

(2) readline()函数：读取文件的一行内容

```
with open('stock_data.txt', 'r') as file:
    line=file.readline()
    while line:
        print(line, end='')
        line=file.readline()
```

使用 readline()函数每次读取文件的一行内容。通过循环调用 readline()函数可以逐行读取文件的内容。

(3) readlines()函数：读取文件所有行,返回一个列表

```
with open('stock_data.txt', 'r') as file:
    lines=file.readlines()
for line in lines:
    print(line, end='')
```

使用 readlines()函数读取文件的所有行,并将每行作为一个元素存储在一个列表中。通过遍历这个列表,可以逐行处理文件的内容。

(4) write()函数：写入字符串

```
tock_record="股票 A,100,5000\n"
with open('stock_data.txt', 'a') as file:
    file.write(stock_record)
```

使用write()函数可以向文件中写入字符串。在这个例子中,创建了一个包含交易记录的字符串stock_record,并使用write()函数将其追加到文件的末尾。

(5) writelines()函数:写入一个字符串列表

```
stock_records=["股票B,200,10000\n", "股票C,50,2500\n"]
with open('stock_data.txt', 'a') as file:
    file.writelines(stock_records)
```

writelines()函数用于将一个字符串列表写入文件。在这个例子中,创建了一个包含多条交易记录的字符串列表stock_records,并使用writelines()函数将其追加到文件的末尾。

通过上面的例子,可以看到,在Python中,文件的读写操作是非常灵活的。可以根据需要选择不同的方法实现对文件的读取和写入操作。同时,在进行文件操作时,需要注意文件的打开模式以及异常处理等问题,以确保程序的正确性和健壮性。

4. CSV文件的读写

CSV(Comma-Separated Values,逗号分隔值)格式是一种通用的、相对简单的文本文件格式,通常用于在程序之间转移表格数据,被广泛应用于商业和科学领域。

(1) CSV文件的概念和特点

CSV文件是一种文本文件,由任意数目的行组成,一行被称为一条记录。记录间以换行符分隔;每条记录由若干数据项组成,这些数据项被称为字段。字段间的分隔符通常是逗号,也可以是制表符或其他符号。通常,所有记录都有完全相同的字段序列。

CSV文件一般采用".csv"作为扩展名,可以通过Office Excel软件或记事本打开,也可以在其他操作系统平台上用文本编辑工具打开。一般的表格处理工具都可以将数据另存为或导出为CSV格式,以便在不同应用程序间交换数据。

CSV文件的特点如下:

① 纯文本格式:CSV文件是一个字符序列,不含必须像二进制数字那样被解读的数据,因此易于使用各种编程语言进行处理。

② 通用性强:CSV文件可以在多种应用程序之间共享和使用,例如Excel、数据库等,因此它成为一种在程序之间转移表格数据的通用格式。

③ 节省存储空间:CSV文件通常比其他电子表格文件格式更小,从而节省存储空间。

④ 创建与编辑方便:CSV文件可以使用任何文本编辑器进行创建和编辑,无需专门的软件。

在CSV文件中,一般开头不留空,以行为单位,可含或不含列名,含列名则居文件第一行。一行数据不跨行,无空行,以半角符号作为分隔符,列为空也要表示其存在。如果列内容存在逗号,那么用双引号包含起来;如果列内容存在双引号,那么用两个双引号包含。文件读写时引号、逗号操作规则互逆,内码格式不限,可为ASCII、Unicode或者其他。

总的来说,CSV文件是一种简单、通用且易于处理的文件格式,广泛应用于数据存储、共享和转移等方面。

(2) CSV 文件的建立

CSV 文件是纯文本文件，可以使用记事本按照 CSV 文件的规则来建立，也可以使用 Excel 工具录入数据，另存为 CSV 文件即可。本节示例使用的 stock_data.csv 文件如下，该文件保存在用户的工作文件夹下。

```
Date,Stock,Open,High,Low,Close,Volume
2023-01-01,AAPL,150.00,155.00,148.00,152.50,1000000
2023-01-01,GOOGL,100.00,102.00,99.00,101.50,800000
2023-01-02,AAPL,152.00,156.00,151.00,154.50,1200000
2023-01-02,GOOGL,101.00,103.00,100.50,102.25,900000
...
```

(3) Python 的 CSV 库

Python 提供了一个读写 CSV 文件的标准库，可以通过 import csv 语句引用。CSV 库包含了操作 CSV 文件最基本的功能，典型的函数是 csv.reader() 和 csv.writer()，它们分别用于读和写 CSV 文件。

(4) 使用 CSV 库读写 CSV 文件

读写 CSV 文件时，通常将其内容视为二维数据，即表格形式的数据，其中每一行代表一条记录，每一列代表一个字段。在 Python 中，可以使用标准库中的 CSV 库轻松地读取和写入 CSV 文件，也可以使用 Pandas 库对 CSV 文件进行读写操作。下面，将对两种方式分别进行介绍。

读取 CSV 文件时，可以使用 csv.reader() 函数逐行读取数据，每一行会被解析为一个列表，其中每个元素对应 CSV 文件中的一列。如果 CSV 文件包含标题行，那么通常会先读取标题行确定列名，然后读取数据行。

```python
import csv
#打开文件并创建 reader 对象
with open('stock_data.csv', 'r', encoding='utf-8') as csvfile:
    reader=csv.reader(csvfile)
    #读取标题行(如果有)
    headers=next(reader, None)    #使用 next()函数读取第一行,如果没有那么返回 None
    if headers:
        print("Headers:", headers)
    #读取数据行
    for row in reader:
        print("Row:", row)
```

写入 CSV 文件时，可以使用 csv.writer() 函数将二维数据（通常是一个列表的列表，或者一个包含字典的列表，其中字典的键对应列名）写入文件。

```
import csv
# 定义数据,每个内部列表代表一行,列表中的元素代表该行的各列
stock_data=[['300016','股票F','3500'],['300027','股票G','4000']]
# 打开文件并创建 writer 对象
with open('stock_data.csv','a',newline='',encoding='utf-8') as csvfile:
    writer=csv.writer(csvfile)
    # 写入数据行
    for row in stock_data:
        writer.writerow(row)
```

如果 CSV 文件包含标题行,并且希望在写入数据时包含标题行,那么需要先写入标题行,然后写入数据行。

```
import csv
# 定义标题行和数据行
headers=['股票代码','股票名称','成交量']
stock_data=[['300016','股票F','3500'],['300027','股票G','4000']]
# 打开文件并创建 writer 对象
with open('stock_data.csv','w',newline='',encoding='utf-8') as csvfile:
    writer=csv.writer(csvfile)
    # 写入标题行
    writer.writerow(headers)
    # 写入数据行
    for row in stock_data:
        writer.writerow(row)
```

注意,在上面的例子中,使用'w'模式打开文件,这意味着如果文件已经存在,那么它将被覆盖。如果想在现有文件的基础上追加数据,那么应该使用'a'模式。同时,使用"newline=''"参数确保在写入时不会自动添加额外的换行符,这在 Windows 系统中特别重要,因为 Windows 使用"\r""\n"作为换行符,而 csv.writer()函数默认只添加"\n"。在读取时通常不需要这个参数。

(5) 使用 Pandas 库读写 CSV 文件

在 Pandas 库中,读取 CSV 文件的两个主要函数是 read_csv()和 read_table()。它们都使用相同的解析代码智能地将表格数据转换为 DataFrame 对象。

read_csv()函数的格式如下:

Pandas.read_csv(filepath_or_bufter, sep=',', delimiter=None, header='infer', names=None, index_col=None, usecols=None)

read_csv()函数的参数非常多,表 7.3 对常用参数给出了详细的说明。

表 7.3 read_csv( )函数的参数

参数	详细描述
filepath_or_bufter	可以是 URL,可用 URL 类型包括 http、ftp、$3 和文件
sep	该参数指定数据的分隔符。read_csv()函数默认的分隔符是逗号,read_table()函数默认的分隔符是制表符。参数可使用正则表达式。有时 CSV 文件中为了方便阅读添加了很多的空格进行数据对齐,如果希望忽略这些空格,那么可以将 skipinitialspace 参数设置为 True
delimiter	备选分隔符(如果指定该参数,那么 sep 参数失效)
delim_whitespace	指定空格是否作为分隔符使用,等效于设定 sep=\s+。如果将这个参数设定为 True,那么 delimiter 参数失效
header	默认情况下文件第一行被作为列索引标签。如果数据文件中没有保存列名的行,那么设置 header-None。header 参数可以是一个列表,例如[0,1.3],这个列表表示将文件中的这些行作为列标题(这意味着每一列有多个标题,也就是多层级列索引),介于中间的行将被忽略掉。注意,如果 skip_blank_Jines=True,那么 header 参数将忽略注释行和空行,因此 header=0 表示第一行数据而不是文件的第一行
names	用于 DataFrame 中表示列名的列表。如果数据文件中没有列标题行,那么就需要执行 header=None。names 属性在 header 之前运行,默认列表中不能出现重复内容,除非设定参数 mangle_dupe_cols=True
index_col	用作行索引的行编号或者行标签。如果给定一个序列,那么有多个行索引
usecols	指定从文件中读入指定的列的列表。该列表中的值如果为数字,那么为文件中的列号;如果为字符串,那么为文件中的列名。例如 usecols 有效参数可能是[0,1,2]或[foo, "bar", "baz"]。使用这个参数可以加快加载速度并降低内存消耗
prefix	在没有列标题,也就是将 header 设定为 None 时,给列索引添加前缀。例如添加 prefix=X,使得列名称为 X0,X1,…,XN
dtype	每列数据的数据类型。例如 {'a':np.float64, 'b' :np.int32}
skipinitialspace	忽略分隔符后的空白(默认为 False,即不忽略)
skiprows	需要忽略的行数(从文件开始处算起),或需要跳过的行号列表(从 0 开始)
nrows	需要读取的行数(从文件头开始算起)
na_values、true_value、false_value	分别指定 NaN、True、False 对应的字符串列表
keep_default_na	如果指定 na_values 参数,并且 keep_defaulttna=False,那么默认的 NaN 将被覆盖,否则添加
na_filter	是否检查丢失值(空字符串或空值)。对于大文件来说数据集中没有空值,设定 na_filter-Faise 可以提升读取速度
skip_blank_lines	如果为 True,那么跳过空行,否则记为 NaN
nrows	从文件开头处读入的行数
chunksize	用于选代的块的大小
skip_footer	忽略文件尾部的行数
thousands	千位分隔符

假设股票交易数据被存储在名为"stock_prices.csv"的 CSV 文件中,其中包含股票代码和每日收盘价。

CSV 文件结构如下:

Date,Close
2023-01-01,100.00
2023-01-02,101.50
2023-01-03,102.25
...

使用 Pandas 库读取该文件,并展示前两行数据结果。

```
import pandas as pd
# 读取 CSV 文件中的数据
df = pd.read_csv('stock_prices.csv')
# 展示前两行结果
print(df.head(2))
```

结果输出如下:

```
        Date    Close
0  2023-01-01  100.00
1  2023-01-02  101.50
```

7.1.3 任务实施

本项目的目标是处理股票交易数据,利用 Python 的数据处理和分析工具,对股票交易数据进行清洗、整理、可视化,以及文本分析,从而帮助用户更好地理解股票市场的动态和趋势。首先,进行数据收集:从股票交易平台或公开数据源获取股票交易数据,通常这些数据以 CSV 格式存储;从财经资讯网站或者上证公告中收集新闻公告文件,并保存为 txt 文件。然后,将数据通过 Pandas 库读取到 Python 中,以备后续对数据进行分析。

1. 数据获取

Tushare 是一个开放、免费且功能强大的 Python 财经数据接口库,用于获取金融数据。它的主要优势在于其易用性和数据质量。在数据格式方面,Tushare 返回的绝大部分数据格式都是 Pandas DataFrame 类型,这为用户进行数据分析和可视化提供了极大的便利。因此,该任务利用 Tushare 工具获取上证 50 成分股交易数据。

数据获取的代码如下:

```python
import tushare as ts
#上证50成分股
stocklist=['600000','600016','600019','600028','600029','600030','600036','600048',
'600050','600104','600111','600309','600340','600518','600519','600547','600606',
'600837','600887','600919','600958','600999','601006','601088','601166','601169',
'601186','601211','601229','601288','601318','601328','601336','601390','601398',
'601601','601628','601668','601669','601688','601766','601800','601818','601857',
'601878','601881','601985','601988','601989','603993']
for stockname in stocklist:
    tran30=ts.get_k_data(stockname,ktype='D',autype='qfq')
    tran30.to_csv(stockname+".csv")
```

2. 数据读取与展示

数据读取与展示的代码如下:

```python
import pandas as pd
#读取一维股票交易数据（包含单只股票的每日收盘价）
single_stock_data=pd.read_csv('single_stock_data.csv')
#读取二维股票交易数据（包含多只股票每日交易数据）
stock_data=pd.read_csv('stock_transactions.csv')
#读取txt格式的文本文件
with open('news_announcement.txt','r',encoding='utf-8') as f:
    news_text=f.read()
#按行分割内容
lines=all_content.split('\n')
print('单只股票数据为:\n',single_stock_data.head(2))
print('多只股票数据为:\n',stock_data.head(2))
print('新闻公告数据为:\n')
print(lines[0].strip())
print(lines[1].strip())
```

程序执行结果如下:

单只股票数据为:
```
        Date    Close
0  2023-01-01  100.00
1  2023-01-02  101.50
```

多只股票数据为:

	Date	Stock	Open	High	Low	Close	Volume
0	2023-10-09	600015	5.69	5.71	5.61	5.68	29347698
1	2023-10-10	600015	5.66	5.71	5.65	5.65	23209033

新闻公告数据为:
金融市场新闻:今日上证指数小幅上涨,投资者情绪乐观。
市场出现震荡,密切关注市场动态,以做出明智的投资决策。

7.2 基础数据处理与分析

7.2.1 任务引入

任务 1 已经完成了文件内容的读取,接下来需要对读取到的数据进行处理。除了单一数据类型(整数、浮点数等),更多的数据需要根据不同维度组织起来,以便进行管理和程序处理。根据数据的关系不同,数据可组织为一维数据、二维数据和高维数据。

7.2.2 知识储备

1. 一维数据的处理

一维数据由对等关系的有序或无序数据构成,采用线性方式组织,如列表、数组、集合等。一维数据通常指的是单列的数据集合,其中每个元素都是独立的数据点。在股票交易数据分析中,一维数据可能表现为单个交易指标的时间序列数据,如每日开盘价、收盘价、成交量等。本节以股票交易数据为例,展示一维数据的处理方法和具体例子。

现有一组股票 A 的交易数据,它记录了该股票连续一个月每天的成交量。这组数据以列表的形式存储,每个元素代表一天的成交量。本节数据处理的目标是分析这组数据,提取有用的信息,并做出进一步的预测或决策。

代码如下:

```
#日成交量的列表
stock_data=[1200,1350,1100,1400,1550,1300,1250,1600,1700,1450,
            1500,1650,1800,1900,2050,2100,2200,2350,2400,2500,
            2600,2700,2850,2900,3000,3150,3200,3300,3450,3500]
#使用 Python 的内置函数或库对一维数据进行处理
#计算总成交量
total_stock=sum(stock_data)
print(f"总成交量为:{total_stock}元")
#计算平均每日成交量
average_stock=sum(stock_data) / len(stock_data)
print(f"平均每日成交量为:{average_stock:.2f}元")
#找出最高和最低成交量
max_stock=max(stock_data)
min_stock=min(stock_data)
print(f"最高成交量为:{max_stock}元;最低成交量为:{min_stock}元")
```

程序执行结果如下：

总成交量为：54300 元
平均每日成交量为：1810.00 元
最高成交量为：3500 元；最低成交量为：1100 元

上述代码展示了对一维数据的基本处理过程。通过 Python 的内置库和函数计算了总成交量、平均每日成交量，并找出了最高和最低成交量。其实，还可以通过 NumPy 库计算成交量的标准差，以衡量数据的离散程度以及使用 Matplotlib 库绘制成交量的折线图，以便直观地观察成交量随时间的变化趋势。具体的第三方库的使用在项目 8 中进行详细介绍。

在实际应用中，一维数据的处理可能更加复杂，可能涉及数据的平滑处理、异常值检测、趋势分析等。通过选择合适的方法和工具，可以从一维数据中提取出有用的信息，为投资者的投资决策提供有力支持。

2. 二维数据的处理

二维数据指的是由多个一维数据组合而成的数据表格，通常表现为矩阵或数据框的形式，其中行和列分别代表不同的数据维度。二维数据处理通常涉及表格型数据的读取、清洗、转换以及统计分析。在股票交易数据的场景下，我们可能会处理包含多只股票的多日交易数据，例如每日的开盘价、最高价、最低价、收盘价、成交量等。本节以股票交易数据为例，展示二维数据的处理方法和具体例子。

现有一个名为"stock_data.csv"的文件，文件包含多只股票的交易数据，本节的目标是分析这组数据，明确每只股票价格的日涨跌幅以及平均涨跌幅，以及不同股票之间的统计数据差异，stock_data.csv 文件结构如下所示：

```
Date,Stock,Open,High,Low,Close,Volume
2023-01-01,Stock A,150.00,155.00,148.00,152.50,1000000
2023-01-01,Stock B,100.00,102.00,99.00,101.50,800000
2023-01-02,Stock C,152.00,156.00,151.00,154.50,1200000
2023-01-02,Stock D,101.00,103.00,100.50,102.25,900000
...
# 使用 Pandas 库对数据进行分析处理
import pandas as pd
# 读取 CSV 文件中的数据
df=pd.read_csv('stock_data.csv')
# 查看数据的前几行
print(df.head())
# 清洗数据：删除含有缺失值的行
df=df.dropna()
```

```python
#转换数据：将'Date'列转换为datetime类型，以便于后续的时间序列分析
df['Date']=pd.to_datetime(df['Date'])
#按照'Date'列排序，确保数据是按时间顺序排列的
df=df.sort_values(by='Date')
#计算每只股票每日的涨跌幅
df['Change']=(df['Close'] - df['Open']) / df['Open'] * 100
#查看转换和计算后的数据
print(df.head())
#对数据进行分组聚合，计算每只股票的平均涨跌幅
average_change=df.groupby('Stock')['Change'].mean()
print(average_change)
#筛选出特定股票的数据，例如STOCKA
A_data=df[df['Stock'] == 'STOCKA']
#对STOCKA股票数据进行描述性统计分析
A_stats=A_data.describe()
print(A_stats)
```

在上面的代码中，首先，使用pd.read_csv()函数读取CSV文件中的数据，并打印前几行以查看数据结构。其次，对数据进行清洗，使用dropna()函数删除含有缺失值的行。再次，将'Date'列转换为datetime类型，并按照日期对数据进行排序。然后，对每只股票每日的涨跌幅进行计算，并添加一个新列'Change'到数据框中。最后，使用groupby()函数按股票名称对数据进行分组，并计算了每只股票的平均涨跌幅。为了进一步分析特定股票（例如股票A），我们筛选出了股票A的数据，并使用describe()函数对其进行描述性统计分析。

通过二维数据的处理，可以更深入地了解股票市场的运作规律，为投资决策提供有力的数据支持。同时，这也体现了数据处理和分析在金融市场研究中的重要作用。

7.2.3 任务实施

任务2在任务1的基础上，对数据进行处理，如缺失值处理、异常值处理、平滑处理等，对于二维数据，还可以对数据进行分组处理。

```python
#处理一维数据
close_prices=data['close']      #数据中的'close'列是每日收盘价
#清洗数据
#删除缺失值
close_prices_cleaned=close_prices.dropna()
#处理异常值（例如：删除收盘价低于某一阈值的记录）
threshold=1.0                   #假设阈值为1元
close_prices_filtered=close_prices_cleaned[close_prices_cleaned >= threshold]
```

```python
#计算涨跌幅
change_rates=close_prices_filtered.pct_change()
#进行平滑处理或趋势分析
#计算移动平均线
rolling_mean=close_prices_filtered.rolling(window=5).mean()    #5日移动平均线
#打印处理后的数据
print("清洗后的收盘价:",close_prices_filtered)
print("涨跌幅:",change_rates)
print("5日移动平均线:",rolling_mean)
#处理二维数据
#展示原始数据
print("原始数据:")
print(stock_data.head())
#清洗数据:删除缺失值较多的行
stock_data_cleaned=stock_data.dropna(thresh=len(stock_data.columns) * 0.8)
#清洗数据:删除重复行
stock_data_unique=stock_data_cleaned.drop_duplicates()
#清洗数据:处理特定列的缺失值
# 'pe_ratio'(市盈率)列有缺失值,使用该列的均值填充
stock_data_filled=stock_data_unique.fillna({'pe_ratio': stock_data_unique['pe_ratio'].mean()})
#转换数据类型:确保数值型数据是float类型
numeric_cols=['open', 'close', 'pe_ratio', 'pb_ratio']       #假设这些是数值型列
stock_data_numeric=stock_data_filled[numeric_cols].apply(pd.to_numeric,errors='coerce')
#实施特征工程:计算每日涨跌幅
stock_data_numeric['change']=stock_data_numeric['close'] / stock_data_numeric['open'] - 1
#分组聚合:按股票代码分组,计算每只股票的平均涨跌幅
average_change_per_stock=stock_data_numeric.groupby('stock_code')['change'].mean()
print("\n每只股票的平均涨跌幅:")
print(average_change_per_stock)
#进行描述性统计分析:计算涨跌幅的描述性统计量
change_stats=stock_data_numeric['change'].describe()
print("\n涨跌幅的描述性统计分析:")
print(change_stats)
```

7.3 文本数据处理

7.3.1 任务引入

在证券市场中,除了数值类型的数据,还有文本类型的数据,如新闻资讯、公司公告、

社交媒体评论等,这些数据都会对证券市场产生影响。因此,任务3旨在通过运用文本分析技术,对金融大数据中的股票相关文本数据进行深度挖掘。具体工作包括使用Jieba分词工具对文本数据进行高效准确的分词处理,以便后续分析;基于分词结果,生成词云图,以直观展示文本中的关键词汇及其出现频率,从而揭示股票市场的热点话题、投资者情绪等重要信息。通过本任务的实施,读者将能够更深入地理解股票市场的文本数据,为投资决策和风险管理奠定基础。

7.3.2 知识储备

1. Jieba库

(1) Jieba库的概述

Jieba库是一个用于中文文本处理的Python第三方库,其核心功能是中文分词。中文与英文等语言不同,词与词之间没有明显的分隔符,如空格,因此在进行中文文本处理时,分词是一个重要的预处理步骤。Jieba库通过高效的分词算法,可以将中文文本切分为单个的词或词组,为后续的文本分析、挖掘等工作提供基础。

Jieba库是第三方库,因此需要通过pip命令安装,pip安装命令如下:

>>> C:\User\ Administrator>pip install jieba

其中,"C:\User\ Administrator>"是命令提示符,不同计算机的命令提示符可能略有不同。

Jieba库的分词原理是利用一个中文词库,将待分词的文本与分词词库进行比对,通过图结构和动态规划方法找到最大概率的词组。

Jieba库支持以下3种分词模式:精确模式、全模式、搜索引擎模式。

① 精确模式:试图将句子精确地切开,适用于文本分析。

② 全模式:把句子中所有的可以成词的词语都扫描出来,速度快,但是不能解决歧义问题。

③ 搜索引擎模式:在精确模式的基础上,对长词再次切分,提高召回率,适用于搜索引擎分词。

Jieba库主要提供分词功能,可以辅助自定义分词词典。常用函数如表7.4所示。

表7.4 Jieba库常用函数

模式	函数	描述
精确模式	jieba.cut(s)	返回一个可迭代的数据类型
	jieba.luct(s)	输出文本s中所有可能的单词
全模式	jieba.cut(s,cut_all=True)	适合搜索建立索引的分词结果
	jieba.luct(s,cut_all=True)	返回一个列表类型

续表

模式	函数	描述
搜索引擎模式	jieba.cut_for_search(s)	适合搜索引擎建立索引的分词结果
	jieba.luct_for_search(s)	返回一个列表类型

(2) Jieba 库的应用

以文本"中国证券市场发展越来越好"为例,应用三种模式进行分词。

```
import jieba
#例句
sentence="中国证券市场发展越来越好"
#精确模式
print("精确模式:")
seg_list=jieba.cut(sentence, cut_all=False)
print(" ".join(seg_list))
#全模式
print("\n 全模式:")
seg_list=jieba.cut(sentence, cut_all=True)
print(" ".join(seg_list))
#搜索引擎模式
print("\n 搜索引擎模式:")
seg_list=jieba.cut_for_search(sentence)
print(" ".join(seg_list))
```

输出结果如下:

精确模式:
中国 证券市场 发展 越来越 好

全模式:
中国 证券 市场 发展 越来越 越好 证券市场 发展越来越 好

搜索引擎模式:
中国 证券市场 发展 越来越 好

从上面的输出可以看出,精确模式和搜索引擎模式的分词结果完全一样,都保留了"证券市场"这样的组合词,这是因为它们都尽可能准确地将句子切分成有意义的词语。而全模式则更倾向于切分出所有可能的词,因此结果中包含了很多短小的词片段,如"证券市场"被切分为"证券"和"证券市场"。在实际应用中,通常会选择精确模式或搜索引擎模式,因为它们能更好地反映句子的真实含义。

中文文本的分词相比于英文文本更为复杂，主要表现在以下几个方面：

① 中文的词语之间没有明显的分隔符（如空格）。

② 中文词汇量大，且不同的领域或行业有其特定的词汇和表达方式，特别是专业术语、人名、地名等。

③ 随着社会的快速发展，新的词汇和表达方式不断涌现，比如微博年度话题、年度热词等。

④ 不同的用户或应用场景可能对分词有不同的需求。

因此，Jieba 库中默认的单词和词典并不能全面覆盖所有场景和要求，所以为了提高分词的准确性、适应特定领域、处理新词和热点词汇以及满足个性化需求，用户可以通过添加单词和自定义词典的功能使文本处理具有更高的灵活性和实用性。相关函数如下：

jieba.add_word(word, freq=None, tag=None)：向词典中添加单词。

其中，word 为需要添加的单词；freq 为可选参数，表示词频，可以影响分词结果；tag 为可选参数，表示词性，仅在支持词性标注时有效。

jieba.load_userdict(file_name)：加载一个包含自定义词汇的文本文件。

其中，file_name 代表自定义词典文件的路径。

del_word(word)：删除词典中的单词。

jieba.initialize()：完全清空 Jieba 词典。

注意：jieba.initialize() 函数会清空 Jieba 词典，包括默认的词典和之前通过 add_word() 函数添加的单词，请谨慎使用。

```
import jieba
#添加单词到 Jieba 词典
jieba.add_word("证券市场")
#假设我们有一个自定义词典文件 userdict.txt,内容如下：
#金融市场
#经济形势
#加载这个自定义词典
jieba.load_userdict('userdict.txt')
#测试句子
sentence="中国证券市场发展势头良好,金融市场也保持稳定,经济形势整体向好"
#使用 Jieba 进行分词
seg_list=jieba.cut(sentence, cut_all=False)
#输出分词结果
print(" ".join(seg_list))
```

结果如下：

中国 证券市场 发展 势头 良好 ， 金融市场 也 保持 稳定 ， 经济形势 整体 向好

实际的输出可能因 Jieba 库的不同版本或自定义词典的具体内容而略有不同。上述

输出基于假设的自定义词典内容和 Jieba 库的通常行为。如果运行环境中，userdict.txt 文件不存在或路径不正确，jieba.load_userdict()函数将不会加载任何新词汇，但添加单词 jieba.add_word("证券市场")仍然会生效。

2. WordCloud 库

词云图，也称文字云，是一种对文本中出现频率较高的"关键词"进行视觉化展现的图表形式。词云图能够过滤掉大量的低频低质的文本信息，使得浏览者只需一眼扫过文本，即可领略文本的主旨。这种表现形式既简洁又明了，有助于人们快速把握文本的核心内容。

WordCloud 库正是基于这样的需求而诞生的。它能够将文本数据转化为直观且有趣的词云图，使得人们能够更加便捷地分析文本数据。WordCloud 库支持 Python 2.0 和 Python 3.0，可以轻松地与各种文本处理和分析工具进行集成，为用户提供丰富的功能。

在使用 WordCloud 库生成词云图时，首先需要安装该库。安装过程相对简单，只需在命令行中执行相应的 pip 命令即可。

>>> C:\User\Administrator>pip install WordCloud

在生成词云图的过程中，WordCloud 库提供了一系列参数供用户调整，以满足不同的需求。常用参数如表 7.5 所示。

表 7.5 WordCloud 库的常用参数

参数	描述
background_color	设置词云图的背景颜色，默认为"white"
width / height	分别设置生成的词云图的宽度和高度，单位为像素
margin	设置词与词之间的间隔，默认为 2
max_words	设置词云图中显示的最大单词数，如果文本中的单词数超过这个值，那么只显示前 max_words 个最常见的单词
mask	如果提供了这个参数，那么词云将会以 mask 参数传入的形状生成，比如可以用一个图像作为遮罩，词云只会在图像的形状内部生成
min_font_size / max_font_size	分别设置词云图中单词的最小和最大字体大小
font_path	设置字体路径，用于指定词云图使用的字体
color_func	设置词云图中单词的颜色生成函数，可以是默认的随机颜色，也可以自定义颜色函数
regexp	设置用于分词的正则表达式模式
collocations	是否包括两个词的搭配，默认为 False
prefer_horizontal	水平方向排列单词时的方向优先级，默认为 0.9

在生成词云图的过程中，WordCloud 库首先会对输入的文本进行分词处理，统计每个

单词出现的频次。然后,根据设定的参数,WordCloud库会计算每个单词的字体大小,并将其绘制在词云图中。最后,用户可以将生成的词云图保存为图片文件,以便后续使用。

以news_announcement.txt文件为例,绘制词云图。结果如图7.2所示。

```python
import jieba
from wordcloud import WordCloud
import matplotlib.pyplot as plt
# 读取txt文件
with open('news_announcement.txt', 'r', encoding='utf-8') as f:
    text=f.read()
# 中文分词
wordlist=jieba.cut(text, cut_all=False)
wl_space_split=" ".join(wordlist)
# 生成词云
wordcloud=WordCloud(font_path='simhei.ttf', background_color="white", max_words=100, width=1000, height=860, margin=2).generate(wl_space_split)
# 可视化
plt.figure(figsize=(15, 10))
plt.imshow(wordcloud, interpolation='bilinear')
plt.axis("off")
plt.savefig('wordcloud.png', format='png', dpi=300, bbox_inches='tight')
plt.show()
```

图7.2 股票市场词云图

WordCloud 库的应用场景非常广泛。在文本分析领域,它可以帮助用户快速识别文本中的关键词和主题;在新闻报道中,它可以用来展示新闻报道的热点和趋势;在社交媒体分析中,它可以用来分析用户的关注点和情感倾向;在学术研究中,它可以用来展示研究领域的热点和前沿。

除了基本的词云图生成功能外,WordCloud 库还支持与其他可视化工具进行集成,达到更复杂的文本可视化效果。例如,用户可以将 WordCloud 库与 Matplotlib 等绘图库结合使用,为词云图添加更多的样式和交互功能;还可以将 WordCloud 库与 NLP(Natural Language Processing,自然语言处理)工具进行集成,实现更高级的文本分析和处理功能。

WordCloud 作为一款优秀的词云展示第三方库,以其直观、有趣且富有艺术感的表现形式,为文本数据可视化提供了强大的支持。通过 WordCloud 库,用户可以轻松地将文本数据转化为直观的词云图,快速把握文本的核心内容,为文本分析和研究提供了极大的便利。

7.3.3 任务实施

首先,将数据集中的新闻或公告等文本数据,使用 Jieba 库进行分词。其次,删除停用词和标点符号,保留对分析有用的关键词。最后,使用 Matplotlib 库绘制股票交易数据的图表,使用 WordCloud 库生成词云图,直观展示新闻或公告中的热点词汇。可视化结果如图 7.3、图 7.4 所示。

```python
import jieba
import jieba.analyse
from snownlp import SnowNLP
from wordcloud import WordCloud
import matplotlib.pyplot as plt


#分词
words=jieba.cut(news_text)
word_list=list(words)
#删除停用词(需要有一个停用词列表)
stopwords=set(['的','了','在','是','我','有','和','都','很','不','一个',
               '上','也','要','去','说','看','着','到','就','好','没','这',
               '那','么','还','吧','但','会','再'])
filtered_words=[word for word in word_list if word not in stopwords]
#生成词云图
wordcloud=WordCloud(font_path='simhei.ttf', background_color='white').generate(' '.
                    join(filtered_words))
#显示词云图
```

```python
plt.figure(figsize=(10,6))
plt.imshow(wordcloud, interpolation='bilinear')
plt.axis("off")
plt.show()
# 单词情感极性分析
# 这里使用 SnowNLP()函数进行情感分析
sentiments=[]
for text in texts:
    s=SnowNLP(text)
    sentiments.append(s.sentiments)
# 打印情感极性分析结果
for sentiment in sentiments:
    print(f"情感极性分析：{sentiment}")
# 绘制涨跌幅的箱线图,展示不同股票的涨跌幅分布情况
plt.figure(figsize=(10,5))
stock_data.boxplot(column='change', by='stock_code', vert=False, figsize=(10,8))
plt.title('股票涨跌幅箱线图')
plt.xlabel('涨跌幅')
plt.ylabel('股票代码')
plt.savefig('stock_change_boxplot.png')
plt.show()
# 数据可视化(可选):绘制涨跌幅的直方图
stock_data_numeric['change'].hist(bins=30)
plt.title('涨跌幅分布直方图')
plt.xlabel('涨跌幅')
plt.ylabel('频数')
plt.show()
# 将清洗后的数据保存为新的 CSV 文件
stock_data.to_csv('cleaned_stock_data_with_change.csv', index=False)
# 将情感极性分析结果保存到 txt 文件
with open('sentiments.txt', 'w', encoding='utf-8') as f:
    for sentiment in sentiments:
        f.write(f"{sentiment}\n")    # 每个情感分数占一行
print("情感极性分析结果已保存到 sentiments.txt 文件中。")
```

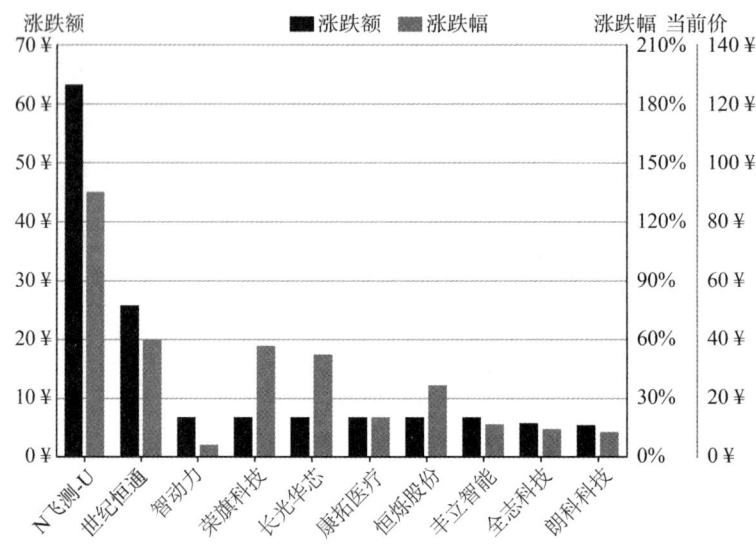

图 7.3　股票涨跌幅

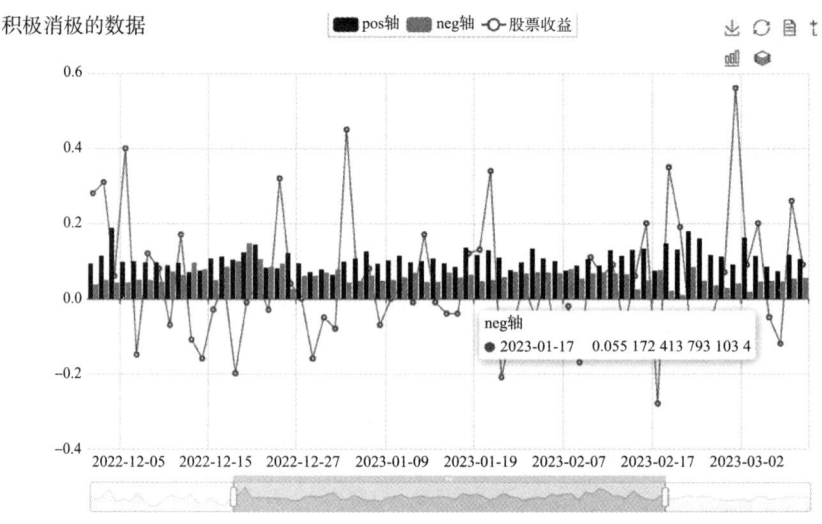

图 7.4　股票情感极性分析可视化

项目总结

股票数据处理项目不仅让读者深入了解了数据处理的全流程，还加强了读者对文件操作、一维数据处理和二维数据处理的理解和应用。通过利用 Jieba 进行分词、加载自定义词典、删除停用词等步骤，读者可以有效地处理与股票相关的文本数据。同时，读者可以熟悉 Python 中的文件操作，能够轻松地读写 txt 文件和 CSV 文件，将处理后的数据或结果保存到本地，实现数据的持久化存储。在数据处理方面，读者可以掌握使用 Pandas 等库对一维数据进行清洗、筛选和转换等操作，能够高效地处理序列数据；利用 NumPy 等库对二维数据进行处理，包括矩阵运算、数据聚合、统计分析等，为股票交易数据的深入分析提供有力支持。本项目不仅提升了读者的数据处理和分析能力，还加深了对相关技术和工具的理解与应用，为未来的工作和学习奠定了坚实的基础。

项目拓展

本项目是在股票数据处理项目的基础上进行的拓展，旨在构建一个完整的股票数据分析与可视化系统。该系统将集成文本处理、一维数据处理、二维数据处理以及可视化等多个模块，为用户提供全面的股票数据分析与可视化服务，如图 7.5 所示。

id	股票代码	股票名称	当前价格/(元/股)	涨跌额/(元/股)	涨跌幅/%
1	SH600839	四川长虹	4.3	0.09	2.14
2	SH600795	国电电力	4.18	0.18	4.5
3	SH600310	广西能源	4.93	0.45	10.04
4	SH601288	农业银行	3.55	0.05	1.43
5	SH601138	工业富联	17.44	0.65	3.87
6	SH601857	中国石油	7.58	0.47	6.61
7	SH601988	中国银行	3.97	0.08	2.06
8	SH600103	青山纸业	2.78	0.25	9.88
9	SH600050	中国联通	4.8	0.03	0.63
10	SH601398	工商银行	4.85	0.05	1.04
11	SH601868	中国能建	2.4	0.01	0.42
12	SH601668	中国建筑	5.77	0.02	0.35
13	SH600027	华电国际	7.05	0.58	8.96
14	SH600028	中国石化	6.46	0.28	4.53
15	SH600256	广汇能源	7.37	−0.3	-3.91
16	SH601390	中国中铁	7.55	0.24	3.28
17	SH601989	中国重工	4.56	0.11	2.42
18	SH601728	中国电信	5.77	0.02	0.35
19	SH600105	永鼎股份	6.56	0.24	3.8
20	SH601991	大唐发电	3.68	0.17	4.84

图 7.5 股票数据分析与可视化系统

首先，需要收集和处理与股票相关的文本数据，包括新闻、评论等。通过文本处理模块，对这些数据进行分词、删除停用词、情感极性分析等操作，提取出有用的信息。其次，处理一维和二维的股票交易数据，包括股票价格、成交量等。通过数据清洗、筛选和转换等操作，得到规范化和标准化的数据，为后续的数据分析提供便利。最后，利用可视化技术，将处理后的数据以图表的形式展示出来，帮助用户更直观地了解股票市场的走势和趋势。

```
import pandas as pd
import jieba
import wordcloud
from PIL import Image
```

```python
import numpy as np
import matplotlib.pyplot as plt
from snownlp import SnowNLP
# 加载股票交易数据
stock_data=pd.read_csv('stock_data.csv')
# 加载股票文本数据
stock_texts=pd.read_csv('stock_texts.csv')
# 文本处理模块
def text_processing(text):
    seg_list=jieba.cut(text,cut_all=False)
    stopwords=set(['的','了','在','是','我','有','和','都','很','一个',
                   '上','也','不','就','说','要','去','人','到','着','吧',
                   '得','会','看','能','都','那','又','还','觉得','过','自己',
                   '这个','现在','点','只','小','一些','如果','也有','没有',
                   '很','起来','时候','好像','应该','已经','但是','最近',
                   '特别','非常','再','可能','因为','其实','最','这些','问题',
                   '又','一些','知道','觉得','又','其他','所以','自己','这么',
                   '一定','这么','那么','这样','那样','好像'])
    seg_list=[word for word in seg_list if word not in stopwords]
    return ' '.join(seg_list)
# 情感极性分析模块
def sentiment_analysis(text):
    s=SnowNLP(text)
    return s.sentiments
# 数据可视化模块
def data_visualization(data,column):
    plt.figure(figsize=(10,6))
    plt.plot(data.index,data[column],marker='o')
    plt.title(f'{column} 走势图')
    plt.xlabel('时间')
    plt.ylabel(column)
    plt.grid(True)
    plt.show()
# 文本数据处理与可视化
stock_texts['processed_text']=stock_texts['text'].apply(text_processing)
stock_texts['sentiment']=stock_texts['processed_text'].apply(sentiment_analysis)
# 文本词云可视化
text=' '.join(stock_texts['processed_text'])
mask=np.array(Image.open("stock_mask.png"))
wordcloud=wordcloud.WordCloud(font_path='simhei.ttf',background_color='white',
                              mask=mask).generate(text)
```

```
plt.figure(figsize=(10,6))
plt.imshow(wordcloud, interpolation='bilinear')
plt.axis("off")
plt.show()
# 股票交易数据可视化
data_visualization(stock_data, 'close_price')  # 以收盘价为例进行可视化
```

拓展阅读

中国金融市场的发展展现了中国经济强大的韧性

中国金融市场的快速发展得益于金融科技的深度融合,特别是在人工智能(Artificial Intelligence,AI)技术的应用上,这些技术正在推动金融服务向更高效、更精准的方向发展。在普惠金融领域,AI技术的应用极大地提高了金融服务的普及率和便利性。例如,通过大数据分析和机器学习算法,金融机构能够更准确地评估信用风险,从而为更多中小企业和个人提供贷款服务。此外,智能风控系统的建立,使得金融机构能够实时监控交易行为,及时发现并预防欺诈行为,保障金融市场的安全稳定。

在智能风控方面,AI的应用案例尤为突出。例如,中国的一些大型银行,如工商银行和建设银行,已经成功部署了基于AI的风控系统,这些系统能够通过分析历史交易数据和用户行为模式,自动识别异常交易,从而有效降低欺诈风险。此外,AI技术还被用于信用评分模型的构建,帮助银行更准确地评估借款人的信用状况,为普惠金融提供支持。

同时,中国经济展现出显著的韧性,这得益于超大规模的内需市场、完备的产业链以及新兴产业的快速发展。宏观政策的有效调控进一步增强了经济的稳定性,使得中国经济能够抵御外部冲击,保持稳健增长。新兴产业的发展,如数字经济、绿色经济等,为经济增长提供了新的动力,同时也为金融市场提供了新的投资机会。

中国金融市场的规范化和科技融入,以及中国经济的韧性和多元化发展,共同塑造了一个充满活力且具有强大抗风险能力的经济体。在全球经济面临不确定性的当下,中国的金融市场和经济韧性显得尤为重要,为实现可持续发展提供了坚实保障。AI在普惠金融和智能风控上的应用,不仅提升了金融服务的质量和效率,还为金融市场的稳定和经济的持续增长提供了有力支撑。

练习

一、单项选择题

1. 在Python中,哪个函数可用于打开文件?
   A. open()   B. read()   C. write()   D. close()

2. 在打开文件时,如果想以只读方式打开文件,应该使用哪种模式?
   A. 'r'   B. 'w'   C. 'a'   D. 'rb'

3. 当你使用 open() 函数打开一个文件后，如何确保文件被正确关闭？

A. 使用 close() 函数

B. 使用 del 语句删除文件对象

C. Python 会自动关闭文件

D. 无法确保，只能依赖操作系统

4. 在 Python 中，读取文件内容时，下面哪个函数不能实现读取文件内容的每一行？

A. 使用 readlines() 函数

B. 使用 read() 函数后，按行进行分割

C. 使用 for 循环迭代文件对象

D. 使用 strip() 函数

5. 在 Python 中，如果你想将一个整数列表写入文件，每行一个整数，应该如何操作？

A. 将整数转换为字符串，然后写入文件

B. 直接将整数写入文件

C. 使用 pickle 模块序列化整数列表后写入文件

D. 无法实现，只能写入字符串

二、编程题

1. 两会焦点洞察——热点话题分析与可视化

每年的全国人民代表大会和中国人民政治协商会议（简称"两会"）都是我国政治生活中的重要事件。两会期间，来自全国各地的代表和委员们围绕国家发展、民生改善、社会进步等议题展开深入讨论，提出许多有价值的提案和建议。这些提案和建议反映了社会各界的关切和期待，也为我们洞察国家发展趋势、把握社会热点提供了宝贵的窗口。

随着两会期间的提案和报道数量逐年增长，如何从中高效、准确地挖掘出热点话题，以及这些话题的分布与趋势，成了一个重要的挑战。传统的文本分析方法往往难以处理大规模、高维度的数据，而可视化技术则提供了一种直观、生动的展示方式。请运用本项目所学内容，完成以下操作：

(1) 收集和两会相关的文本数据，并进行初步数据清洗。

(2) 筛选本年度两会的热点话题，并将不同年度的热点话题进行对比。

(3) 利用本项目所学，对分析结果进行可视化展示，并将结果保存。

2. 传统艺术智识——茶韵文化识别

中华茶韵文化源远流长，博大精深。茶，作为中国传统文化的重要载体，不仅具有独特的口感和香气，更蕴含着深厚的文化内涵。中国各地因地理、气候、文化等差异，形成了各具特色的茶韵文化。这些茶韵文化不仅体现在茶叶的品种、制作工艺上，更体现在茶文化的传承和发展中。然而，随着现代社会的快速发展，传统茶韵文化面临着诸多挑战。一方面，茶叶的产量、品质受到多种因素的影响，如气候变化、种植技术、市场需求等；另一方面，茶文化的传承和发展也面临着诸多困境，如年轻一代对传统文化的疏离、外来文化的冲击等。因此，对中华茶韵文化进行深入的分析和研究，不仅有助于我们更好地了解和传承这一传统文化，更有助于我们探索其在现代社会中的发展路径。请运用本项目所学内

容,完成以下操作:

对绿茶不同产地的产量、品质进行分析,比较它们之间的差异,并进行可视化展示。

通过对与茶相关的文本材料进行分析,提取茶韵文化的元素和特色。

项目 8　工业大数据分析——轴承数据处理

轴承数据处理的实际应用场景广泛,例如工业制造领域、交通运输领域、能源领域以及智能家居领域。本项目利用 Python 的第三方库 NumPy、Pandas 和 Matplotlib 对轴承数据进行处理、分析和可视化,其中基本任务包括采用 pip 命令安装 Numpy、Pandas 以及 Matplotlib 第三方库;对轴承数据集进行预处理,包括归一化、标准化、切片和索引等,实现数据集的分割及统计量的计算,完成数据集的加载、数据清洗以及数据合并与连接操作;使用 Matplotlib 绘制与轴承数据集相关的柱状图、折线图、饼状图等。此外,项目还将进行拓展,包括数据特征编码和数据降维。通过对这 3 个基本任务和项目拓展的实施与总结,本项目将充分展示第三方库在数据分析与处理中的重要作用。

◆ 学习目标

1. 知识目标

掌握 PyInstaller 库的使用;

掌握 Python 第三方库的安装;

掌握 NumPy 库的使用;

掌握 Matplotlib 库的使用;

掌握 Pandas 库的使用。

2. 能力目标

掌握 Python 第三方库的数组操作与计算能力;

学会利用 NumPy 库进行科学计算和数值分析;

掌握 Pandas 库数据结构、数据清洗、数据连接等功能;

掌握 Matplotlib 库的基本绘图功能。

3. 素质(思政)目标

培养问题解决能力与创新能力;

具备持续学习与自我提升意识;

具备代码规范与文档编写能力。

◆ 学习重难点

1. 学习重点

PyInstaller 库的使用;

Python 第三方库的安装及使用。

2. 学习难点

利用 NumPy 进行各种数值分析；

掌握 Pandas 数据结构、数据清洗、数据合并等功能；

使用 Matplotlib 绘制柱状图、折线图、饼状图等。

案例

当前，我国的政策持续引导资本投向轴承行业的重点领域，带动轴承行业向高精度、高技术含量和高附加值产品倾斜，加速轴承行业的升级。在轨道交通、医疗器械、新能源、航空航天、汽车轻量化等各个领域发展的带动下，中国高端轴承铸造行业水平将得到明显提升。随着全球制造业重心向中国转移，中国高端轴承行业发展有了强大动力，对国内高端轴承制造商要求也越来越高。当下中国轴承铸造行业必须着眼提高产品档次和降低制造成本，实现从"大"向"强"的战略转变。作为曾生产新中国第一套工业轴承的老国企，某集团经过持续技术改造，自身关键制造装备达到世界先进水平，智能化水平显著提高。借助国际市场"洗牌"的机会，某集团于 2013 年一举收购德国有百年历史的 KRW 公司。作为省级智能制造试点示范标杆企业，该集团稳步推进智能制造技术应用，建设智能车间和智能工厂。该集团轨道交通轴承事业部货车轴承工厂和汽车轴承事业部高端汽车轴承辽阳分公司已实现在线加工、检测、装备的全过程自动化。Python 语言可以实现轴承加工时序数据的读取、分割、特征提取，借助 Python 语言实现的 TensorFlow 或 PyTorch 等机器学习工具可以快速实现轴承故障的分类。目前 Python 语言在变速箱轴承、电机轴承、风机轴承、海工轴承等多种类轴承的多工况下故障分类中都有应用，正逐渐成为研究热点。

项目引入

轴承是在机械设备中具有广泛应用的关键部件之一。由于过载、疲劳、磨损、腐蚀等原因，轴承在机器操作过程中容易损坏。事实上，超过 50％的旋转机器故障与轴承故障有关。实际上，滚动轴承故障可能导致设备剧烈摇晃，设备停机，甚至造成人员伤亡。一般来说，早期的轴承弱故障是复杂的，难以检测。因此，轴承状态的监测和分析非常重要，它可以发现轴承的早期弱故障，防止故障发生造成损失。最近，轴承的故障检测和诊断一直备受关注。在所有类型的轴承故障诊断方法中，振动信号分析是最主要和有用的工具之一。本项目使用数据分析常用的 NumPy、Pandas 以及 Matplotlib 等第三方库对轴承数据集进行分析处理。

项目分析

本项目需要完成以下 3 个任务：

任务 1　第三方库的安装：采用 pip 命令安装 NumPy、Pandas 以及 Matplotlib 第三方库。

任务2　轴承数据处理：对轴承数据集进行预处理，包括归一化/标准化、切片和索引等，实现数据集的分割及统计量的计算，完成数据集的加载、数据清洗以及数据合并与连接操作。

任务3　数据可视化：使用Matplotlib库绘制与轴承数据集相关的柱状图、折线图、饼状图等。

本项目主要是针对轴承数据集进行数据预处理的相关操作，其中包括数据加载、数据清理、数据连接、统计量计算等。轴承有3种故障：外圈故障、内圈故障、滚珠故障。如表8.1所示，结合轴承的3种直径（直径1、直径2、直径3），轴承的工作状态有10类。本数据集主要包括两个文件：train_data.csv和test_data.csv。其中，train_data.csv为训练集数据，1~6为按时间序列连续采样的振动信号数值，每行数据是一个样本，共792条数据，第一列id字段为样本编号，第7列的label字段为标签数据，即轴承的工作状态，用数字0~9表示；test_data.csv为测试集数据，共528条数据，除无label字段外，其他字段同训练集。

表8.1　轴承的故障类别

参数	外圈故障	内圈故障	滚珠故障	正常
直径1	1	2	3	
直径2	4	5	6	0
直径3	7	8	9	

本项目涉及的知识点如图8.1所示。

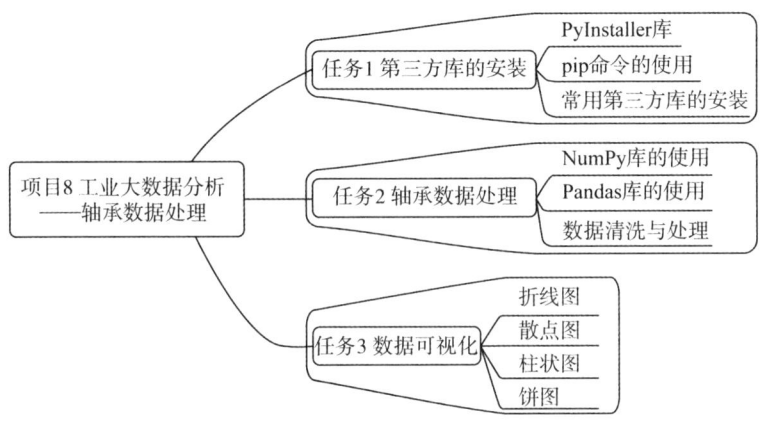

图8.1　轴承数据处理项目的知识架构图

8.1 第三方库的安装

8.1.1 任务引入

在 Python 开发中,第三方库的安装至关重要。这些库提供了丰富的功能和工具,助力开发者高效构建应用程序。掌握正确的安装方法,能迅速集成所需功能,提升代码质量。本任务将引导读者完成安装流程,为项目开发奠定坚实基础。

8.1.2 知识储备

1. PyInstaller 库的使用

PyInstaller 库是一个用于将 Python 程序打包成可执行文件的第三方库。它能够将 Python 脚本以及所有依赖的模块和资源文件打包成一个独立的应用程序,使得这个打包后的程序可以在没有安装 Python 环境的计算机上直接运行。

PyInstaller 库实际上是一个全局命令行工具,可以通过命令行或脚本调用进行使用。在打包过程中,PyInstaller 库会自动检测并分析 Python 代码及其导入的模块,将它们打包到一个可执行文件中,并生成额外的支持文件和目录。此外,PyInstaller 库还支持多个操作系统平台,如 Windows、Linux 等,用户可以根据不同的平台选择合适的打包方式和选项。官方网站网址为 http://www.pyinstaller.org/。

PyInstaller 库的安装方式为:
在 CMD 命令行(Linux 系统需在 Shell 环境下)中,执行命令:

```
pip install pyinstaller
```

PyInstaller 库会自动将 pyinstaller 命令安装到 Python 解释器目录中,与 pip 或 pip3 命令路径相同,因此可以直接使用。使用 PyInstaller 库十分简单,在 Windows 平台的命令行中输入 Python 源文件名称,就可以使用相对路径或绝对路径,代码如下:

```
pyinstaller dpython.py
```

请注意,由于 PyInstaller 不支持源文件名中有英文句号"."存在。

执行完毕后,源文件所在目录将生成 dist 和 build 两个文件夹。其中,build 目录是 PyInstaller 存储临时文件的目录,可以安全删除。最终的打包程序在 dist 内部的 dpython 目录中。目录中其他文件是可执行文件 dpython.exe 的动态链接库,可以通过-F 参数生成一个独立的可执行文件,代码如下:

```
pyinstaller -F dpython.py
```

执行后在 dist 目录中出现了 dpython.exe 文件,没有任何依赖库,执行它即可。

使用 PyInstaller 库需要注意以下问题：

（1）文件路径中不能出现空格和英文句号。

（2）源文件必须使用 UTF-8 编码，暂不支持其他编码类型。采用 IDLE 编写的源文件保存为 UTF-8 编码形式，可直接使用。PyInstaller 命令有一些常用的参数，如表 8.2 所示。

表 8.2　PyInstaller 命令的常用参数

参数	功能
-h，--help	查看帮助
-v，--version	查看 PyInstaller 版本
--clean	清理打包过程中的临时文件
-D，--onedir	默认值，生成 dist 目录
-F，--onefile	在 dist 文件夹中只生成独立的打包文件
-p DIR，--paths DIR	添加 Python 文件使用的第三方库路径
-i <.ico or .exe,ID or .icns>--icon <.ico or .exe,ID or .icns>	指定打包程序使用的图标（icon）文件

PyInstaller 命令不需要在 Python 源文件中增加代码，只需要通过命令行进行打包。-F 参数最为常用，对于包含第三方库的源文件，可以使用-p 添加第三方库所在的路径。如果第三方库由 pip 安装且在 Python 环境目录中，那么不需要使用-p 参数。以下代码使用了 Jieba 库，将该文件改名为 caltk.py，打包方法如下：

pyinstaller -F D:\codes\caltk.py

在 dist 目录中将生成打包文件 caltk.exe，将三国演义 txt 文件复制到 dist 目录中执行该程序：

D:\codes\dist\caltk.exe

2. 采用 pip 命令安装第三方库

Python 第三方库的安装方式是采用 pip 命令进行安装。pip 是 Python 官方提供并维护的在线第三方库安装工具。它提供了对 Python 包的查找、下载、安装、卸载和更新的功能。pip 命令使得 Python 第三方库的安装变得简单快捷，成为 Python 开发者不可或缺的工具之一。对于同时安装 Python 2.0 和 Python 3.0 环境的系统，建议采用 pip3 命令专门为 Python 3.0 版本安装第三方库。为了叙述方便，本书后续都采用 pip 代替 pip3 命令。

pip 已经内置于 Python 3.4 及更高版本中，因此在使用这些版本的 Python 时，通常不需要单独安装 pip。但是，对于早期版本的 Python 或者在某些特殊环境中，可能需要手动安装 pip。安装 pip 的方式通常是通过 Python 的 get-pip.py 脚本，或者在命令行中使用 python-m ensurepip--default-pip 命令。

pip 是 Python 的内置命令,需要通过命令行执行,执行 pip-h 命令将列出 pip 常用的子命令,注意,不要在 IDLE 环境下运行 pip 程序。下面是一些常见的 pip 命令及其用法:

查看 pip 的版本可以使用以下代码:

pip-V 或 pip-version

查看已安装的包可以使用以下代码:

pip list

搜索包可以使用以下代码:

pip search<包名>

安装包可以使用以下代码:

pip install <包名>:安装指定包的最新版本
pip install <包名>==<版本号>:安装指定包的特定版本
pip install-r requirements.txt:根据 requirements.txt 文件中列出的依赖项批量安装包

安装 NumPy、Pandas 和 Matplotlib 库可以使用以下代码:

pip install numpy
pip install pandas
pip install matplotlib

升级包可以使用以下代码:

pip install--upgrade <包名> 或 pip install -U <包名>:升级指定的包到最新版本

升级 NumPy、Pandas 和 Matplotlib 库可以使用以下代码:

pip install--upgrade numpy
pip install--upgrade pandas
pip install--upgrade matplotlib

卸载包可以使用以下代码:

pip uninstall <包名>:卸载已安装的包

卸载 NumPy、Pandas 和 Matplotlib 库可以使用以下代码:

```
pip uninstall numpy
pip uninstall pandas
pip uninstall matplotlib
```

查看包的信息，可以使用以下代码：

```
pip show ＜包名＞：显示已安装包的信息
pip show-f ＜包名＞：显示已安装包的详细信息，包括文件列表
```

查看 NumPy 库的信息可以使用以下代码：

```
pip show numpy
pip show-f numpy
```

8.1.3 任务实施

采用 pip 命令安装 Numpy、Pandas 以及 Matplotlib 第三方库。之后的数据预处理和分析需要使用 Numpy 库和 Pandas 库，Matplotlib 库主要是对实验数据进行可视化。具体代码如下：

```
pip install numpy
pip install pandas
pip install matplotlib
```

8.2 轴承数据处理

8.2.1 任务引入

轴承作为机械设备中的关键部件，其运行数据的处理对于设备的性能分析和故障诊断至关重要。随着智能制造的不断发展，轴承数据的处理和分析已成为提升设备运行效率、预防潜在故障的关键环节。本任务将对轴承数据集进行预处理，包括归一化、标准化、切片和索引等，实现数据集的分割及统计量的计算，完成数据集的加载、数据清洗以及数据连接操作。

8.2.2 知识储备

1. NumPy 库的概述

NumPy(Numerical Python)是 Python 的一种开源的数值计算扩展，它提供了高性能的多维数组对象以及用于操作这些数组的工具。NumPy 库的核心是 ndarray(Ndimensional Array Object),即多维数组对象,它能够在内存中存储大型的多维数组和矩阵,并提供高效的数学运算功能。此外,NumPy还提供了大量的数学函数库,用于对数组进行各种数学和逻辑运算。

与Python本身的列表相比,NumPy的多维数组对象在存储和处理大型数据时更加高效。这是因为NumPy的数组在内存中是以连续块的形式存储的,这大大减少了内存占用,并提高了数据访问和计算的速度。同时,NumPy还针对数组运算进行了大量的优化,使得在进行数值计算时能够显著提高效率。

除了基本的数组操作外,NumPy还支持大量的维度数组与矩阵运算,包括线性代数、傅里叶变换等。这使得NumPy成为科学计算、数据分析、机器学习等领域的得力助手。

2. 归一化、标准化

在Python中,我们通常使用NumPy库对数据进行归一化和标准化。

(1) 归一化

归一化是指将数据按比例缩放,使之落入一个小的特定区间,例如[0,1]。这通常通过以下公式实现:

$$x_{normalized} = (x - x_{min}) / (x_{max} - x_{min})$$

其中,x是原始数据,x_{min}和x_{max}分别是数据中的最小值和最大值。示例代码如下:

```python
import numpy as np
# 定义一个简单的二维数组
data = [[1, 2, 3], [4, 5, 6], [7, 8, 9]]
data = np.array(data)    # 用于创建多维数组
# 计算数据的最小值
X_min = np.min(data, axis=0)
# 计算数据的最大值
X_max = np.max(data, axis=0)
# 归一化数据
X_normalized = (data - X_min) / (X_max - X_min)
print("原始数据:")
print(data)
print("归一化后的数据:")
print(X_normalized)
```

上述代码运行后,归一化公式会将每一列的数据缩放到[0,1]范围内。每一列的最小值被映射为0,最大值被映射为1,中间的值按比例缩放。程序输出内容如下:

```
原始数据:
[[1 2 3]
 [4 5 6]
 [7 8 9]]
```

归一化后的数据：
[[0. 0. 0.]
 [0.5 0.5 0.5]
 [1. 1. 1.]]

(2) 标准化

标准化是指通过计算数据的 Z-score 将数据转换为均值为 0、标准差为 1 的分布。示例代码如下：

```
import numpy as np
#定义一个简单的二维数组
data = [[1, 2, 3], [4, 5, 6], [7, 8, 9]]
data = np.array(data)    # 用于创建多维数组
#计算每一列的均值
mean = np.mean(data, axis=0)
#计算每一列的标准差
std = np.std(data, axis=0)
#标准化数据
data_standardized = (data-mean) / std
print("原始数据：")
print(data)
print("标准化后的数据：")
print(data_standardized)
```

标准化操作中，每一列减去均值后，数据均值变为 0。每一列的数据除以标准差，使数据的标准差变为 1。标准化后的数据在每一列上都符合均值为 0、标准差为 1 的分布。程序的输出内容如下：

原始数据：
[[1, 2, 3],
 [4, 5, 6],
 [7, 8, 9]]
归一化后的数据：
[[−1.22474487 −1.22474487 −1.22474487]
 [0.   0.   0.   ]
 [1.22474487 1.22474487 1.22474487]]

3. 使用索引进行切片

数据切片是 NumPy 库中用于访问和操作数组特定部分的一种强大工具。通过切片，可以轻松地提取、修改或操作数组的子集，而无须创建新的数组或复制数据。

切片主要涉及指定起始索引、结束索引和步长。切片操作的基本语法是 start:stop:step,其中:

start:切片的起始索引(包含)。如果未指定,那么默认为 0,即从数组的开始位置进行切片。

stop:切片的结束索引(不包含)。如果未指定,那么默认为数组的长度,即切片到数组的末尾。

step:切片的步长。它决定了在切片过程中,索引增加的间隔。如果未指定,那么默认为 1,表示逐个元素进行切片。

对于二维数组或多维数组,切片操作稍微复杂一些,因为需要指定每个维度的切片范围。在二维数组中,可以使用两个冒号分隔的切片语法指定行和列的切片范围。例如,对于二维数组 arr_2d=np.array([[0,1,2],[3,4,5],[6,7,8],[9,10,11]]),可以使用 arr_2d[1:3,0:2]获取从第 1 行到第 2 行(不包含)以及从第 0 列到第 1 列(不包含)的元素,即[[3,4],[6,7]]。

4. 统计量的计算

对数据集统计量的计算主要涵盖了各种基础的数学和统计操作。表 8.3 是 NumPy 库常用的 NumPy 统计函数,这些函数可以用于计算数据集的统计量。

表 8.3 NumPy 库常用的统计函数

函数	描述
sum()	计算数组中所有元素的和
mean() 或 avg()	计算数组中所有元素的平均值
std()	计算数组中所有元素的标准差
var()	计算数组中所有元素的方差
min()、max()	找到数组中的最小值和最大值
argmin()、argmax()	返回数组中最小值和最大值元素的索引
cumsum()	计算数组的累积和
corrcoef()	计算数组的相关系数矩阵
cov()	计算数组的协方差矩阵

以下是统计量的相关用法:

```
import numpy as np
# 定义一个 3 行 3 列的数据
data = [[1, 2, 3], [4, 5, 6], [7, 8, 9]]
# 用于创建多维数组
data = np.array(data)
print("原始数据:")
```

```
print(data)
#这里访问第2列到第3列
data = data[:,1:3]
print("访问第2到3列的数据:")
print(data)
#计算整个数据的均值
mean_all = np.mean(data)
print("平均值:", mean_all)
#计算标准差
std_all = np.std(data)
print("标准差:", std_all)
#计算最小值
min_value = np.min(data)
print("最小值:", min_value)
#计算最大值
max_value = np.max(data)
print("最大值:", max_value)
#计算每列的平均值
mean_per_column = np.mean(data, axis=0)
print("每列的平均值:", mean_per_column)
#计算每行的平均值
mean_per_row = np.mean(data, axis=1)
print("每行的平均值:", mean_per_row)
```

该程序运行后,其输出为:

原始数据:
[[1 2 3]
 [4 5 6]
 [7 8 9]]
访问第2到3列的数据:
[[2 3]
 [5 6]
 [8 9]]
平均值:5.5
标准差:2.5
最小值:2
最大值:9
每列的平均值:[5. 6.]
每行的平均值:[2.5 5.5 8.5]

在实际应用中,数据集的统计量对理解数据的分布、比较不同数据集、检测异常值等都非常有用。

5. Pandas 库的概述

Pandas 是一个开源的 Python 数据分析和数据操作库,构建在 NumPy 的基础上,为 Python 编程语言提供了高效的数据结构,使得 Python 在数据清洗、转换、分析等方面变得非常便捷。Pandas 核心的数据结构是 DataFrame,它是一个二维表格,类似于 Excel 中的电子表格,但功能更强大。此外,Pandas 还提供了 Series 数据结构,Series 是一维数组,可以看作是 DataFrame 的一列或一行。

Pandas 库提供了丰富的数据清洗工具,以及缺失值处理、数据合并与拆分等功能,支持强大的分组和聚合操作,方便进行数据的统计与分析。Pandas 能够处理与 SQL 或 Excel 表类似的数据、有序和无序(非固定频率)的时间序列数据、带行和列标签的矩阵数据,以及任意其他形式的观测、统计数据集。

Pandas 库自诞生后被应用于众多领域,如金融、统计学、社会科学、建筑工程等。由于 Pandas 库与 Python 的科学计算库可以完美集成,因此它可以作为数据科学家进行数据分析的强有力工具。

Pandas 包含两个主要的数据结构:Series 和 DataFrame。最常用的是 DataFrame。Series 是一种类似于一维数组的对象,由一组数据(各种 NumPy 数据类型)以及一组与之相关的数据标签(即索引)组成。DataFrame 是一个表格型的数据结构,它含有一组有序的列,每列可以是不同的值类型(数值、字符串、布尔型值)。DataFrame 既有行索引也有列索引,可以被看作由 Series 组成的字典(共同用一个索引)。

6. 数据集的加载

在 Pandas 中,数据集的加载通常涉及读取各种格式的文件,如 CSV、Excel、SQL 数据库、JSON 等。Pandas 提供了多个函数来读取不同格式的数据文件,使得加载数据集变得简单快捷。以下是一些常见的加载数据集的方法:

从 CSV 文件加载数据集:

```python
import pandas as pd
df=pd.read_csv('train.csv')           # 读取 CSV 文件
print(df.head())                      # 显示前几行数据
```

从 Excel 文件加载数据集:

```python
import pandas as pd
df=pd.read_excel('path_to_your_excel_file.xlsx')    # 读取 Excel 文件
print(df.head())# 显示前几行数据
```

从 SQL 数据库加载数据集:

```
import pandas as pd
import sqlalchemy
# 创建数据库链接
engine=sqlalchemy.create_engine('dialect+driver://username:password@host:port/database')
# 从 SQL 查询中读取数据
df=pd.read_sql_query('SELECT * FROM your_table_name',engine)
# 显示前几行数据
print(df.head())
```

从 JSON 文件加载数据集：

```
import pandas as pd
df=pd.read_json('path_to_your_json_file.json')    # 读取 JSON 文件
print(df.head())                                   # 显示前几行数据
```

7. 数据清洗

数据清洗（步骤见表 8.4），也称为数据清理，是对数据进行重新审查和校验的过程，目的在于删除重复信息、纠正存在的错误，并提供数据一致性。它是数据预处理的第一步，也是保证后续结果正确的重要一环。如果数据的正确性不能保证，那么可能会得到错误的结果，比如因小数点错误而造成数据放大到原来十倍、百倍甚至更大等。在数据量较大的项目中，数据清洗时间可达整个数据分析过程的一半或以上。

表 8.4　数据清洗流程的主要步骤

步骤	描述
1	获取数据
2	处理缺失值
3	处理重复值
4	格式转换
5	处理异常值

第一步，获取数据：

```
import pandas as pd                    # 导入 Pandas 库
data=pd.read_csv('train.csv')          # 读取数据文件
```

第二步，处理缺失值：

```
data.dropna(inplace=True)              # 删除缺失值
```

第三步，处理重复值：

data['key']=pd.to_datetime(data['key'])   #key 指的是不同数据集的 key 值属性

第四步，处理异常值：

data = data[(data['data']>0)&(data['data']<100)]

8. 数据合并与连接

为解决数据冗余等问题，大量的数据会分开存放在不同的文件（表格）里。在数据处理时，经常会有不同表格的数据需要进行合并操作。可以通过 Pandas 库的 merge()函数和 concat()函数来实现数据的合并与连接。

(1) DataFrame 数据合并

merge()是 Pandas 库中的一个功能强大的函数，用于合并两个或多个 DataFrame 对象。它基于一个或多个键将两个 DataFrame 对象中的行组合起来。这个函数提供了多种合并方式，例如内连接（inner join）、左连接（left join）、右连接（right join）和全连接（outer join）。

pandas.merge(left, right, how='inner', on=None, left_on=None, right_on=None, left_index=False, right_index=False, sort=True, suffixes=('_x', '_y'), indicator=False,validate=None)

参数说明：

left 和 right：要合并的 DataFrame 对象。

how：合并类型，默认为 'inner'。可选值包括 'left', 'right', 'outer'。

on：用于合并的列名。必须在两个 DataFrame 中都存在。

left_on 和 right_on：分别指定左侧和右侧 DataFrame 中用于合并的列。

left_index 和 right_index：如果为 True，那么使用左侧或右侧 DataFrame 的索引（行标签）作为合并键。

sort：根据合并键对合并后的数据进行排序，默认为 True。

suffixes：一个元组，用于在合并过程中附加到重叠列名的后缀。例如，suffixes=('_x','_y')会将重叠的列名分别改为_left_x 和_right_y。

indicator：如果为 True，那么生成一个名为"_merge"的列，该列将显示每行来自哪个 DataFrame（'left_only', 'right_only', 'both'）。

validate：检查合并的键是否在两个 DataFrame 中都有相同的 dtype。

假设有两个 DataFrame，df1 和 df2：

```
import pandas as pd
df1=pd.DataFrame({
    'key':['A','B','C','D'],
    'value1':[1,2,3,4]})
```

```
df2=pd.DataFrame({
    'key':['B', 'C', 'D', 'E'],
    'value2':[5, 6, 7, 8]})
result=pd.merge(df1, df2, on='key')    #数据合并
print(result)
```

(2) DataFrame 数据连接

concat() 是 Pandas 库中用于连接两个或多个 DataFrame 或 Series 对象的函数。与 merge() 不同,concat() 主要用于在轴向上(即行或列)堆叠对象,而不是基于共同的键进行合并。

pandas.concat(objs, axis=0, join='outer', ignore_index=False, keys=None, levels=None, names=None, verify_integrity=False, sort=False, copy=True)

参数介绍:

objs:一个序列或映射,其中包含要连接的 DataFrame 或 Series 对象。

axis:连接的轴。0 或 'index' 表示沿着行堆叠,1 或 'columns' 表示沿着列堆叠,默认为 0。

join:仅当其他轴上有多个索引时使用,默认为 'outer'。

ignore_index:如果为 True,那么不使用现有索引,而是创建一个新的整数索引,默认为 False。

keys:与要连接的轴上的对象相对应的标签。

levels:用于构造多级索引的特定级别。

names:结果多级索引中的名称。

verify_integrity:如果为 True,那么检查新的索引是否有重复,否则不执行检查。

sort:是否对连接轴上的标签进行排序,默认为 False。

copy:如果为 True,那么始终复制数据,默认为 True。

假设有两个简单的 DataFrame,df1 和 df2:

```
import pandas as pd
df1=pd.DataFrame({'A':['A0', 'A1', 'A2'],
                  'B':['B0', 'B1', 'B2'],
                  'C':['C0', 'C1', 'C2'],
                  'D':['D0', 'D1', 'D2']},
                  index=[0, 1, 2])
df2=pd.DataFrame({'A':['A3', 'A4', 'A5'],
                  'B':['B3', 'B4', 'B5'],
                  'C':['C3', 'C4', 'C5'],
                  'D':['D3', 'D4', 'D5']},
                  index=[3, 4, 5])
```

```
#沿着行(axis=0)连接：
result=pd.concat([df1,df2])
print(result)
#沿着列(axis=1)连接
result=pd.concat([df1,df2],axis=1,ignore_index=True)
print(result)
```

concat()函数在处理大型数据集或需要快速堆叠多个数据集时非常有用，特别是在不需要基于共同键进行合并的情况下。

8.2.3 任务实施

(1) 数据归一化

示例代码如下：

```
import numpy as np
import pandas as pd
data=pd.read_csv('train_data.csv',encoding='utf-8')
data=np.array(data)                        # 用于创建 ndarray 数组
x=data[:,0:6]
print(x.shape)                             # 输出数据尺寸大小
# 计算数据的最小值和最大值
X_min=np.min(x,axis=0)
X_max=np.max(x,axis=0)
X_normalized=(x - X_min) / (X_max - X_min)  # 归一化数据
print(X_normalized)                        # 输出归一化数据
```

输出结果如图8.2所示：

```
(792, 6)
[[0.         0.55190585 0.73280854 0.33980112 0.24686031 0.55929084]
 [0.00126422 0.44326661 0.50767906 0.51792752 0.47276476 0.47343823]
 [0.00252845 0.43773055 0.49701412 0.47376506 0.42792203 0.42608022]
 ...
 [0.99747155 0.3606183  0.52605863 0.69811626 0.45550505 0.24045728]
 [0.99873578 0.44208677 0.5179515  0.50044466 0.44316203 0.46273978]
 [1.         0.44981556 0.50300398 0.51913655 0.47250173 0.43658206]]
Process finished with exit code 0
```

图 8.2　归一化结果图

(2) 数据标准化

示例代码如下：

```python
import numpy as np
import pandas as pd
from sklearn.preprocessing import StandardScaler
data=pd.read_csv('train_data.csv',encoding='utf-8')
data=np.array(data)                    # 用于创建 ndarray 数组
# 轴承数据集中 1～6 为按时间序列连续采样的振动信号数值，每行数据是一个样本，共 792 条
# 数据，最后一列为 label
x=data[:,0:6]
print(x.shape)                         # 输出数据尺寸大小
scaler=StandardScaler()                # 进行快速标准化
X_standardized=scaler.fit_transform(x) # 对特征数据进行标准化处理
print(X_standardized)                  # 打印标准化后的数据
```

输出结果如图 8.3 所示：

```
(792, 6)
标准化后的数据：
[[-1.72986525e+00  1.59742622e+00  2.97288296e+00 -2.43596854e+00
  -3.30324054e+00  1.26092561e+00]
 [-1.72549138e+00  1.25496282e-01  1.31574625e-01  1.13353133e-01
   1.35262879e-01  1.92565785e-01]
 [-1.72111752e+00  5.04893081e-02 -3.02527402e-03 -5.18694245e-01
  -5.47290710e-01 -3.96762816e-01]
 ...
 [ 1.72111752e+00 -9.94288084e-01  3.63539018e-01  2.69219059e+00
  -1.27448141e-01 -2.70667628e+00]]
```

图 8.3 标准化结果图

(3) 数据切片

示例代码如下：

```python
import numpy as np
import pandas as pd
from sklearn.preprocessing import StandardScaler
data=pd.read_csv('train_data.csv',encoding='utf-8')
data=np.array(data)                    # 用于创建 ndarray 数组
x=data[0:200,0:7]
label=data[:,7]
print(x.shape)                         # 输出数据尺寸大小
print(label)                           # 输出标签
```

输出结果如图 8.4 所示：

```
(200, 7)
[7. 0. 9. 9. 7. 0. 7. 0. 2. 9. 9. 0. 6. 6. 7. 2. 9. 0. 6. 9. 4. 0. 0. 6.
 0. 2. 7. 7. 8. 0. 7. 5. 4. 2. 7. 8. 9. 4. 0. 0. 3. 1. 3. 7. 7. 4. 7. 7.
 7. 9. 0. 2. 9. 6. 9. 7. 1. 9. 6. 2. 0. 3. 4. 0. 0. 7. 9. 1. 1. 0. 9. 5.
 8. 0. 3. 4. 1. 2. 7. 9. 5. 0. 7. 8. 0. 8. 7. 9. 0. 4. 7. 0. 8. 0. 0.
 8. 9. 0. 9. 4. 9. 9. 0. 5. 9. 0. 7. 7. 0. 7. 0. 3. 0. 3. 4. 9. 0. 7. 5.
 2. 7. 5. 3. 7. 6. 8. 9. 0. 9. 0. 0. 5. 6. 4. 9. 1. 2. 1. 0. 7. 9. 9. 6.
 4. 1. 5. 7. 9. 9. 3. 3. 7. 0. 8. 9. 7. 9. 7. 2. 6. 0. 7. 0. 0. 0. 9. 2.
 0. 9. 8. 7. 0. 7. 9. 0. 9. 7. 8. 4. 5. 5. 0. 0. 3. 3. 9. 0. 7. 0. 9. 7.
 0. 1. 3. 0. 3. 5. 2. 5. 9. 7. 4. 6. 7. 4. 9. 1. 0. 3. 7. 9. 3. 0. 3.
```

图 8.4　数据切片结果

（4）数据索引

示例代码如下：

```python
import numpy as np
import pandas as pd
data=pd.read_csv('train_data.csv', encoding='utf-8')
data=np.array(data)                     # 用于创建 ndarray 数组
first_element=data[0,1:7]               # 访问第一个元素
print(first_element)                    # 输出第一行数据
third_element=data[2,1:7]               # 访问第三个元素
print(third_element)                    # 输出第三行数据
```

数据索引如图 8.5 所示：

```
[ 0.5636499   1.06922924 -0.83775918 -1.12202066  0.43329571  0.77075469]
[ 0.03573573  0.01096437 -0.16487166 -0.16771427 -0.12507505 -0.10477066]
Process finished with exit code 0
```

图 8.5　数据索引图

（5）统计量的计算

示例代码如下：

```python
import numpy as np
import pandas as pd
data=pd.read_csv('train_data.csv', encoding='utf-8')
data=np.array(data)                     # 用于创建 ndarray 数组
data=data[:,1:7]                        # 访问第一个属性
mean_all=np.mean(data)                  # 计算整个数据集的均值
print("平均值:", mean_all)
std_all=np.std(data)                    # 计算标准差
```

```
print("标准差:", std_all)
min_value=np.min(data)                    # 计算最小值
print("最小值:", min_value)
max_value=np.max(data)                    # 计算最大值
print("最大值:", max_value)
mean_per_column=np.mean(data, axis=0)     # 计算每列的平均值
print("每列的平均值:", mean_per_column)
mean_per_row=np.mean(data, axis=1)        # 计算每行的平均值
print("每行的平均值:", mean_per_row)
```

输出结果如图 8.6 所示：

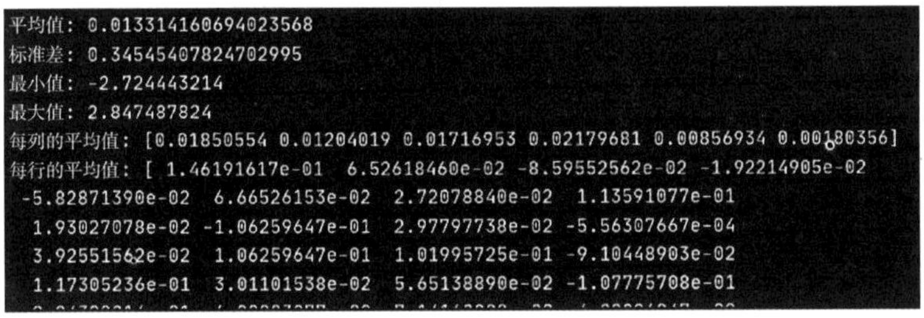

图 8.6　统计量计算

（6）数据清洗以及数据合并与连接

首先，数据清洗涉及识别和纠正数据中的错误、异常值或缺失值。对于轴承分类来说，这包括检查轴承的尺寸、材料、性能参数等数据是否存在明显的错误或不合理值。简单的数据清洗示例代码如下：

```
import pandas as pd                                      # 导入 Pandas 库
data=pd.read_csv('train_data.csv')                       # 读取数据文件
data.dropna(inplace=True)                                # 删除缺失值
data['key']=pd.to_datetime(data['key'])                  # key 指的是不同数据集的 key 值属性
data =data[(data['data']>0)&(data['data']<100)]
```

数据连接示例代码如下：

```
import pandas as pd
df1_data=pd.read_csv('train_data.csv', encoding='utf-8')
df2_data=pd.read_csv('test_data (1).csv', encoding='utf-8')
```

```
result=pd.concat([df1_data, df1_data])                               #沿着行(axis=0)连接
print(result)
result=pd.concat([df1_data, df1_data], axis=1, ignore_index=True)    #沿着列(axis=1)连接
print(result)
```

8.3 数据可视化

8.3.1 任务引入

在轴承运行维护领域，数据可视化已成为提升管理效率、辅助决策的关键手段。通过对轴承数据的可视化处理，我们可以直观了解轴承的运行状态、识别潜在故障，并制定相应的维护策略。本任务聚焦轴承数据可视化，探索如何运用可视化技术，将复杂的轴承数据转化为直观、易于理解的图表，为轴承维护和管理提供有力支持。通过本任务的实施，读者将学习 Matplotlib 库并使用 Matplotlib 绘制与轴承数据集相关的柱状图、折线图、饼状图等。

8.3.2 知识储备

1. Matplotlib 库的概述

Matplotlib 库是 Python 中最常用的可视化工具之一，具有极其强大的功能，可以非常方便地创建各种类型的 2D 图表以及一些基本的 3D 图表。它允许用户根据数据集（如 DataFrame 和 Series）自行定义 x、y 轴，绘制出多种图形，包括但不限于线形图、柱状图、直方图、密度图以及散布图等。这些功能使得 Matplotlib 库成为解决大部分可视化问题的首选工具。Matplotlib 库的优势在于其灵活性和可定制性。用户可以通过调整各种参数和属性，来定制图表的外观和风格，以满足不同的需求。

2. 折线图

plt.plot() 函数是 Matplotlib 库中用于绘制线图(折线图)的主要函数之一。它的作用是将一组数据点连接起来，以可视化数据的趋势、关系或模式。以下是 plt.plot() 函数的详细介绍：

plt.plot(*args, **kwargs)

*args 是 x 和 y 坐标的数据序列，可以是一个或多个 x-y 对。**kwargs 则是可选的关键字参数，用于控制折线图的外观和样式。以下是一些常用的 plot() 函数参数及其说明：

x, y：x 和 y 坐标序列。这些序列可以是列表、数组或者类似的可迭代对象。

linestyle 或 ls：控制线条样式，如实线、虚线等。

color 或 c：设置线条颜色。

marker：在数据点上添加标记的样式。

markersize 或 ms:设置标记的大小。
label:为线条指定标签,以便在添加图例时使用。
linewidth 或 lw:设置线条的宽度。
alpha:设置线条的透明度。
示例代码如下:

```
import matplotlib.pyplot as plt
x=[100,200,300,400,500]              # 训练样本数目
y=[60.5,64.5,67,74,80]               # 不同训练样本数目对应的准确率
plt.figure()                          # 创建图表
plt.plot(x, y, marker='o')            # marker='o' 表示在每个数据点上画一个圆圈
plt.title('Line Plot')                # 设置图表标题和坐标轴标签
plt.xlabel('Training Sample Number')
plt.ylabel('Accuracy')
plt.show()                            # 显示图表
```

程序运行结果如图 8.7 所示:

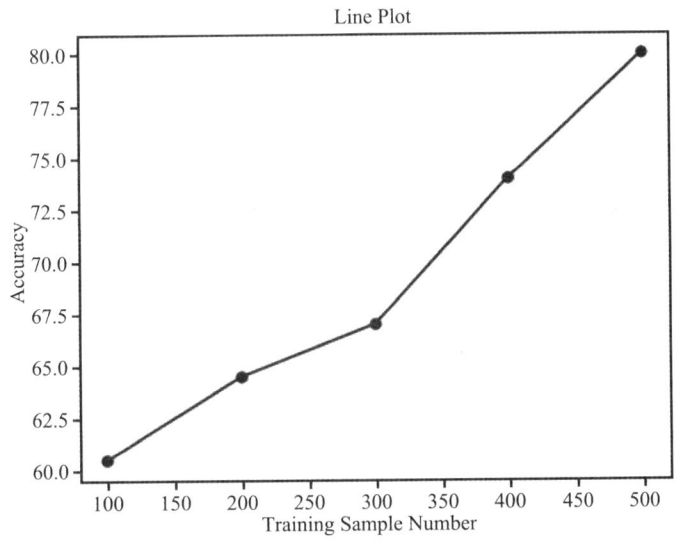

图 8.7　折线图示例

注:"Line Plot"表示折线图,"Accuracy"表示准确率,"Training Sample Number"表示训练样本数目。

3. 柱状图

bar()函数是 Matplotlib 库中用于绘制柱状图的主要函数。其基本用法是 bar(x, height),其中 x 表示 x 轴上的位置或标签,height 表示每根柱子的高度。除此之外, bar()函数还提供了许多其他参数,以便用户可以根据需求定制柱状图的外观和样式。以

下是一些常用的 bar()函数参数及其说明：

width：柱子的宽度。对于垂直柱状图，它控制柱子的宽度；对于水平柱状图，这个参数实际上是柱子的"高度"。

color：柱子的颜色。可以是单一颜色格式（如字符串或 RGB 元组），也可以是一个颜色序列，为每根柱子指定不同的颜色。

edgecolor：柱子边框颜色。

label：图例标签，用于在图例中显示柱子所代表的数据系列名称。

alpha：柱子的透明度，取值在 0（完全透明）到 1（完全不透明）之间。

align：柱子的对齐方式，对于垂直柱状图，可以是'center'（默认）或'edge'，表示柱子是与 x 轴刻度标签的中心对齐还是与边缘对齐。

示例代码如下：

```python
import matplotlib.pyplot as plt
# 轴承分类的数据
categories=['M1','M2','M3','M4','M5']
values=[81.5, 83.5, 76, 88, 92]
plt.figure(figsize=(10, 6))           # 创建图表
plt.bar(categories, values)           # 绘制柱状图
plt.title('Bar Chart')                # 设置图表标题和坐标轴标签
plt.xlabel('Method')
plt.ylabel('Accuracy')
plt.show()                            # 显示图表
```

程序运行结果如图 8.8 所示：

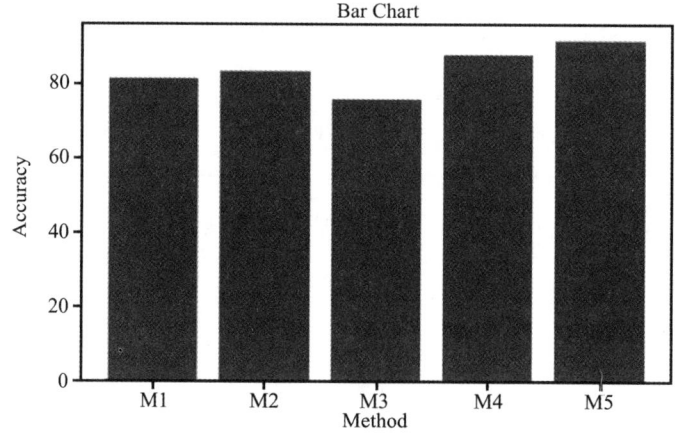

图 8.8　柱状图示例

注："Bar Chart"表示柱状图，"Method"表示方法，"Accuracy"表示不同方法对应的准确率。

4. 饼状图

Matplotlib 库中用于绘制饼状图的函数主要是 pie()。pie() 函数能够用于展示不同类别数据的相对比例或份额，非常适用于数据可视化中的定性数据展示。

函数的基本调用格式如下：

plt.pie(x, explode=None, labels=None, *)

以下是一些 pie() 函数的主要参数及其说明：

x：一个序列，表示每个扇区的大小。这些值将决定饼图中每个扇区的角度。
labels：一个字符串序列，用于为饼图中的每个扇区提供标签。
colors：一个颜色序列，用于定义每个扇区的颜色。
autopct：一个字符串或函数，用于格式化饼图中每个扇区的百分比标签。
startangle：饼图的起始角度，以度为单位。
shadow：一个布尔值，如果为 True，那么设置饼图的阴影。
explode：一个浮点数序列，用于设置每个扇区离饼图中心的距离，用于突出显示某些扇区。
labeldistance：标签距离圆心的距离，如果是 None，那么使用自动计算的值。
pctdistance：百分比标签距离

示例代码如下：

```
import matplotlib.pyplot as plt
# 轴承数据类别
labels=['C1','C2','C3','C4']
sizes=[15,30,45,10]   # 每个部分的尺寸
# 创建图表
plt.figure(figsize=(6,6))
# 绘制饼状图
plt.pie(sizes,labels=labels,autopct='%1.1f%%',startangle=90)
# 设置图表标题
plt.title('Pie Chart')
# 确保图表是一个正圆，而不是椭圆
plt.axis('equal')
# 显示图表
plt.show()
```

程序运行结果如图 8.9 所示：

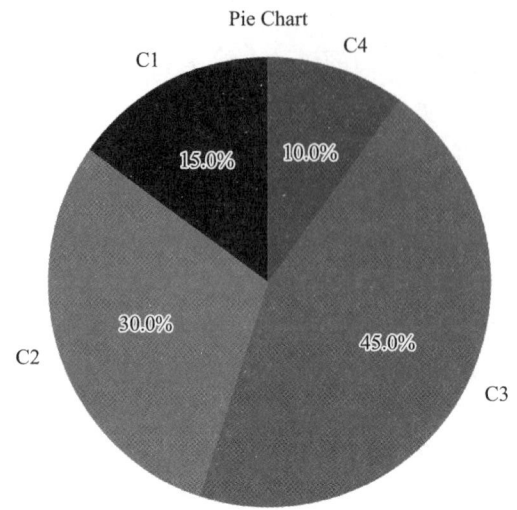

图 8.9　饼状图示例

注:"Pie Chart"表示饼状图。

5. 散点图

scatter()函数是 Matplotlib 库中用于绘制散点图的函数。散点图主要用于观察变量之间的关系,并使用点表示变量之间的关系。其基本用法示例代码如下:

```
plt.scatter(x, y, *)
```

以下是一些常用的 scatler()函数参数及其说明:

c:用于指定点的颜色。可以是单一颜色格式字符串(如'red')、颜色序列(如['red','green','blue'])或者是一个与 x 和 y 同长度的数值数组,用于映射到不同的颜色。

s:用于指定点的大小。可以是一个数值(所有点大小相同),或者是一个与 x 和 y 同长度的数值数组,用于指定每个点的大小。

marker:用于指定点的形状。Matplotlib 库提供了多种内置的标记样式,如圆点('o')、方块('s')、叉号('x')等。

alpha:用于指定点的透明度。0 表示完全透明,1 表示完全不透明。

linewidths:用于指定点边缘的线宽。

label:用于在图例中为散点图添加标签。

示例代码如下:

```
import matplotlib.pyplot as plt
import numpy as np
# 生成随机数据
x=np.random.rand(50)    # 生成 50 个 0~1 之间的随机浮点数作为 x 轴数据
y=np.random.rand(50)    # 生成 50 个 0~1 之间的随机浮点数作为 y 轴数据
```

```
plt.scatter(x, y)                    # 创建散点图
plt.title('Scatter Plot')            # 添加标题和坐标轴标签
plt.xlabel('X')
plt.ylabel('Y')
plt.show()                           # 显示图表
```

程序运行结果如图 8.10 所示：

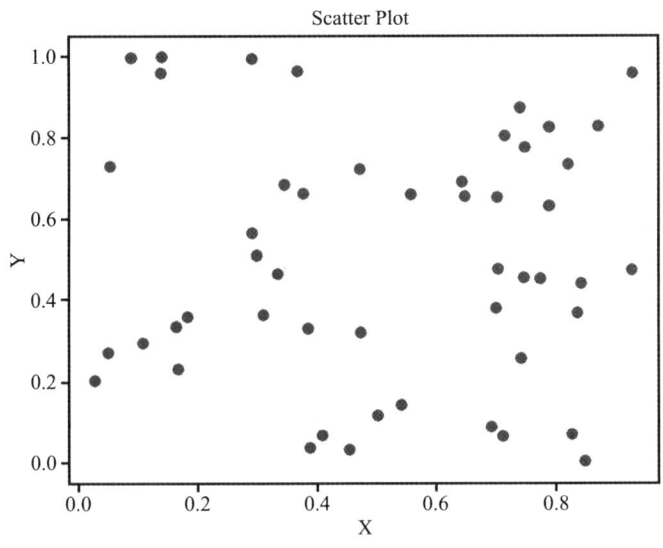

图 8.10 散点图示例

注："Scatter Plot"表示散点图。

8.3.3 任务实施

（1）根据不同的训练样本得出的分类精度绘制折线图

示例代码如下：

```
import matplotlib.pyplot as plt
# 轴承训练样本
x=[50, 100, 200, 300, 400, 500, 600, 700]
y=[60.5, 63, 64.5, 67, 74, 80, 85, 88]
plt.figure()                         # 创建图表
plt.plot(x, y, marker='o')           # marker='o' 表示在每个数据点上画一个圆圈
# 设置图表标题和坐标轴标签
plt.title('Line Plot')
```

```
plt.xlabel('Training Sample Number')
plt.ylabel('Accuracy')
plt.show()                          # 显示图表
```

程序运行结果如图 8.11 所示：

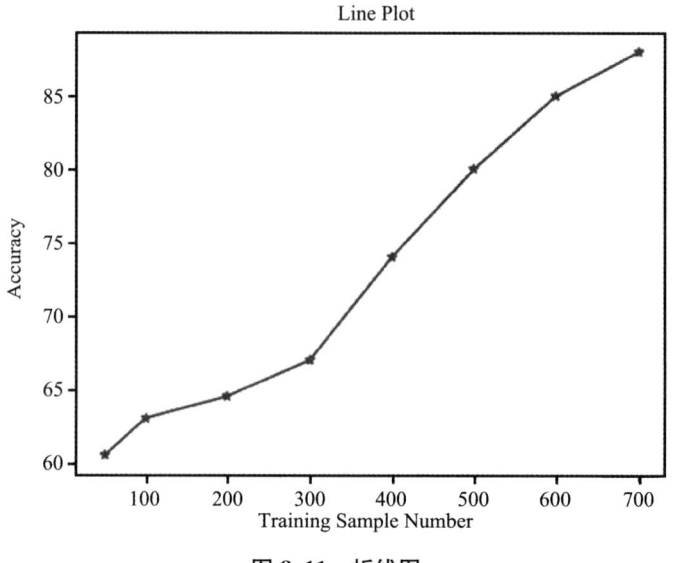

图 8.11 折线图

注："Line Plot"表示折线图，"Training Sample Number"表示训练样本数目，"Accuracy"表示准确率。

（2）使用散点图显示不同类别（C1、C2、C3 等）样本的分类精度情况

示例代码如下：

```
import matplotlib.pyplot as plt
import numpy as np
x=['C0','C1','C2','C3','C4','C5','C6','C7','C8','C9']      # 类别
y=[89,67,77,68,80,83,64,73,46,66]                          # 精度
plt.scatter(x, y)
# 添加标题和坐标轴标签
plt.title('Scatter Plot')
plt.xlabel('Categories')
plt.ylabel('Accuracy')
plt.show()
```

程序运行结果如图 8.12 所示:

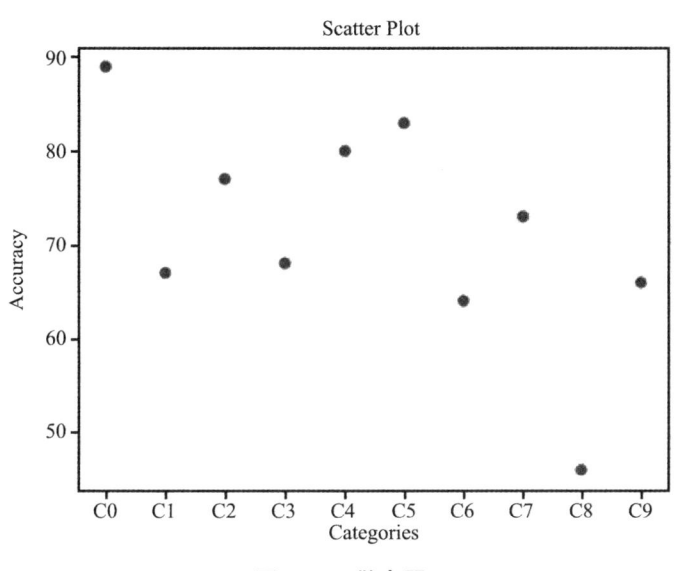

图 8.12　散点图

注:"Scatter Plot"表示散点图,"Categories"表示不同类别,"Accuracy"表示不同类别的准确率。

(3) 使用柱状图显示不同实验算法(M1、M2、M3 等)的分类精度

示例代码如下:

```
import matplotlib.pyplot as plt
categories=['M1','M2','M3','M4','M5','M6']    # 轴承分类对比方法
values=[81.5,83.5,76,88,92,68]                # 每个方法的精度
plt.figure(figsize=(10,6))                    # 创建图表
plt.bar(categories, values, width=0.6)        # 绘制柱状图
# 设置图表标题和坐标轴标签
plt.title('Bar Chart')
plt.xlabel('Method')
plt.ylabel('Accuracy')
plt.show()
```

程序运行结果如图 8.13 所示:

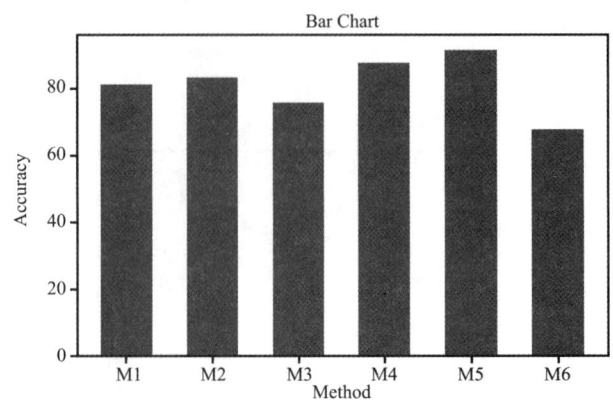

图 8.13 柱状图

注:"Bar Chart"表示柱状图,"Method"表示方法,"Accuracy"表示不同方法对应的准确率。

(4) 使用饼状图显示不同类别(C1、C2、C3 等)样本的占比情况

示例代码如下:

```
import matplotlib.pyplot as plt
labels=['C1', 'C2', 'C3', 'C4', 'C5', 'C6']              # 轴承数据类别
sizes=[13, 28, 30, 10, 8, 11]                             # 每个部分的尺寸
plt.figure(figsize=(6, 6))                                # 创建图表
plt.pie(sizes, labels=labels, autopct='%1.1f%%', startangle=90)   # 绘制饼状图
plt.title('Pie Chart')                                    # 设置图表标题
# 确保图表是一个正圆,而不是椭圆
plt.axis('equal')
plt.show()                                                # 显示图表
```

程序运行结果如图 8.14 所示:

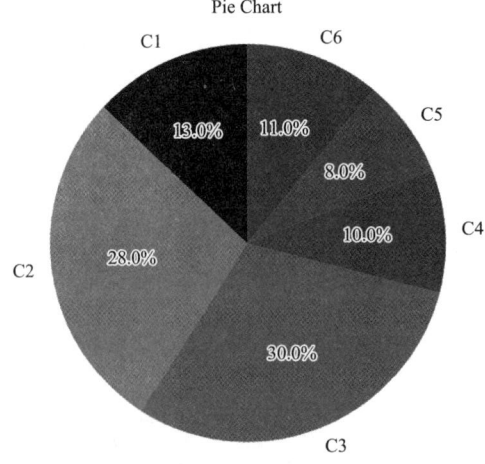

图 8.14 饼状图

注:"Pie Chart"表示饼状图。

项目总结

在轴承分类中，对数据进行预处理的重要性不容忽视。预处理能够确保数据的准确性、一致性和完整性，消除异常值和噪声，提高数据质量。对数据进行转换、标准化等操作，可以使其更好地满足分析需求，提高分类的准确性和效率。预处理后的数据能够更准确地反映轴承的特性与性能，为设计优化、质量控制和市场分析提供有力支持，进而确保轴承的安全可靠和高效运行。因此，在轴承分类过程中，对数据进行预处理是至关重要的环节。

在轴承分类中，对数据进行预处理以及分析是一个至关重要的环节，本项目中具体需要处理的内容包括以下几个方面：

(1) 首先采用 pip 命令安装 NumPy、Pandas 以及 Matplotlib 第三方库。之后的数据预处理和分析需要使用 NumPy 库和 Pandas 库，Matplotlib 库主要是对实验数据进行可视化。

(2) 将轴承数据集导入后，对轴承数据集进行预处理，包括归一化、标准化、切片和索引等，实现数据集的分割及统计量的计算。

(3) 数据清洗以及数据合并与连接操作。首先，数据清洗涉及识别和纠正数据中的错误、异常值或缺失值。对于轴承分类来说，这包括检查轴承的尺寸、材料、性能参数等数据是否存在明显的错误或不合理值。清洗过程可能包括删除重复数据、填充缺失值（例如使用均值、中位数或插值方法）、平滑噪声数据等。这样可以确保后续的分析和分类操作基于准确、可靠的数据集。其次，数据合并与连接操作是将多个数据源中的相关信息整合在一起的过程。

(4) 使用 Matplotlib 库绘制与轴承数据集相关的柱状图、折线图、饼状图等。

数据预处理在轴承分类中展现出显著优势，它能够有效提升数据质量，消除噪声和异常值，使数据更适合分析；同时，预处理能够优化分类性能，提高分类准确性和效率；此外，它还能增强模型的稳定性，降低过拟合风险；最后，预处理简化了后续分析流程，使分析工作更加高效全面。因此，数据预处理是轴承分类中不可或缺的关键步骤。

项目拓展

1. 数据特征编码

数据特征编码是将原始数据转换为一种更适合机器学习算法处理的形式的过程。它有助于提升模型性能，增强特征的可解释性，并降低计算复杂性。以下是一些常见的特征编码方法：

(1) 标签编码（Label Encoding）

为分类数据变量分配一个唯一标识的整数。这种方法简单直接，但可能不适用于表示无序数据的分类变量，因为具有高值的标签不一定比具有低值的标签具有更高的优先级。

示例代码如下：

```python
import pandas as pd
from sklearn.preprocessing import LabelEncoder
# 假设有一个包含类别特征的 DataFrame
df=pd.DataFrame({
    'label':['0','1','2','3','4','5','6','7','8','9']})
# 初始化标签编码器
le=LabelEncoder()
# 对特征进行编码
df['label_encoded']=le.fit_transform(df['label'])
print(df)
```

(2) 独热编码(One-Hot Encoding)

将一个具有 n 个观测值和 d 个不同值的单一变量转换成具有 n 个观测值的 d 个二元变量,每个二元变量使用一位(0 或 1)进行标识。这种方法常用于处理类别型变量,可以避免标签编码中可能出现的问题。

示例代码如下:

```python
import pandas as pd
from sklearn.preprocessing import OneHotEncoder
# 假设有一个包含类别特征的 DataFrame
df=pd.DataFrame({
    'label':['0','1','2','3','4','5','6','7','8','9']})
# 初始化独热编码器
enc=OneHotEncoder(sparse=False)
# 对特征进行编码
one_hot_encoded=enc.fit_transform(df[['label']])
# 将编码后的数组转换回 DataFrame 并添加到原始 DataFrame 中
one_hot_encoded_df=pd.DataFrame(one_hot_encoded, columns=enc.get_feature_names
                    (['label']))
df=pd.concat([df, one_hot_encoded_df], axis=1)
print(df)
```

(3) 特征哈希

适用于特征维数极大且非常稀疏的情况。它通过哈希函数将原始特征映射到一个较低的维度空间,从而减少计算量。

示例代码如下:

```python
from sklearn.feature_extraction import FeatureHasher
import numpy as np
# 假设有一个包含文本特征的列表
```

```
texts=[
    'this is the first document',
    'this document is the second document',
    'and this is the third one',
    'is this the first document'
]
# 初始化特征哈希器
hasher=FeatureHasher(n_features=10,input_type='string')
# 对文本特征进行哈希编码
X=hasher.transform(texts)
# 输出哈希编码的稀疏矩阵
print(X.toarray())
```

(4) 目标编码(Target Encoding)

利用目标变量的信息对类别特征进行编码。这种方法可以有效地处理高基数的分类标签数据,并考虑到目标变量的分布。

示例代码如下:

```
import pandas as pd
from category_encoders import TargetEncoder
from sklearn.model_selection import train_test_split
# 假设我们有一个包含特征和目标变量的 DataFrame
df=pd.DataFrame({
    'feature':['A','B','A','C','B','A','B','C'],
    'target':[0,1,0,1,0,1,1,0]
})
# 分割数据集为训练集和测试集
X_train, X_test, y_train, y_test=train_test_split(df['feature'], df['target'], test_size=0.2,
                                                   random_state=42)
# 初始化目标编码器
te=TargetEncoder(smoothing=1)
# 对训练集的特征进行目标编码
X_train_encoded=te.fit_transform(X_train, y_train)
# 注意:对测试集进行编码时,应使用在训练集上拟合的编码器
X_test_encoded=te.transform(X_test)
# 将编码后的数组转换回 Series 或 DataFrame(如果需要)
X_train_encoded_series=pd.Series(X_train_encoded.ravel(), index=X_train.index)
X_test_encoded_series=pd.Series(X_test_encoded.ravel(), index=X_test.index)
# 打印编码后的训练集特征
print(X_train_encoded_series)
```

在特定领域如生物信息学中,特征编码发挥着重要作用。例如,在基因表达数据、基因组修饰数据以及蛋白质结构数据的处理和分析中,特征编码可以将这些原始数据转换为数值型数据,从而便于后续的处理和分析。

2. 特征降维

特征降维是一种技术,用于减少数据集中的特征数量,同时尽量保留数据的重要信息。这在处理高维数据时特别有用,因为高维数据可能导致出现计算量大、模型复杂度高和过拟合等问题。特征降维有助于简化模型、缩短计算时间和提高预测性能。

特征降维主要有两种方法:特征选择和主成分分析(Principal Component Analysis,PCA)。

(1) 特征选择

定义:直接从原始特征中选出最有用的特征。这通常涉及评估每个特征与目标变量之间的关系,并选择那些最相关或最有影响力的特征。

方法:过滤法、包装法和嵌入法。过滤法基于特征与目标变量之间的关系进行评分和选择;包装法根据目标函数(如预测效果评分)选择特征;嵌入法则利用机器学习模型的训练过程选择特征。

具体的特征选择方法有:单变量特征选择(Single Variable Feature Selection,SFS)、递归特征消除(Recursive Feature Elimination,RFE)、基于树的特征选择(Tree-based Feature Selection,TSFS)和稀疏正则化(Sparse Regularization,SR)等。

示例代码如下:

```python
import pandas as pd
from sklearn.feature_selection import SelectKBest, chi2
# 假设有一个包含特征和目标变量的 DataFrame
df = pd.DataFrame(np.random.rand(100, 10), columns=['feature_{}'.format(i) for i in range(10)])
target = np.random.randint(0, 2, size=100)    # 二分类目标变量
# 将特征和目标变量组合成新的 DataFrame
df['target'] = target
# 定义特征选择方法,这里使用卡方检验来选择最好的 k 个特征
selector = SelectKBest(chi2, k=3)             # 选择 k=3 个最好的特征
# 拟合选择器并转换特征
X_new = selector.fit_transform(df.drop('target', axis=1), df['target'])
# 获取被选择的特征的名称
selected_features = df.drop('target', axis=1).columns[selector.get_support()]
# 输出被选择的特征
print("Selected features:", selected_features)
# 如果需要,将选定的特征转换为 DataFrame
df_selected = pd.DataFrame(X_new, columns=selected_features)
print(df_selected)
```

(2) 主成分分析(Principal Component Analysis, PCA)

定义：一种将高维数据转化为低维数据的方法，通过创建新的变量（即主成分）来替代原始特征。这些新变量是原始特征的线性组合，能够解释数据中的最大方差。

原理：PCA 通过正交变换将原始特征空间中的线性相关变量转换为新的线性无关变量，即主成分。这些主成分按照方差大小排序，通常选择前几个主成分来代表原始数据的大部分信息。

应用：PCA 在图像处理、自然语言处理和生物信息学等领域都有广泛应用，特别是在需要降低数据维度以提升计算效率或可视化效果的场景中。

示例代码如下：

```
import numpy as np
import pandas as pd
from sklearn.decomposition import PCA
from sklearn.preprocessing import StandardScaler
# 假设我们有一个包含多个特征的 DataFrame
df=pd.DataFrame(np.random.rand(100, 10), columns=['feature_{}'.format(i) for i in range(10)])
# 数据标准化（对于 PCA 非常重要）
scaler=StandardScaler()
df_scaled=scaler.fit_transform(df)
# 初始化 PCA，设定降维后的特征数量
pca=PCA(n_components=2)    # 这里我们降维到 2 个主成分
# 对标准化后的数据进行 PCA 降维
df_pca=pca.fit_transform(df_scaled)
# 将降维后的数据转换为 DataFrame（如果需要）
df_pca=pd.DataFrame(df_pca, columns=['PC{}'.format(i+1) for i in range(df_pca.shape[1])])
# 输出降维后的数据
print(df_pca)
# 如果需要，可以查看每个主成分解释的方差比例
print("Explained variance ratio:", pca.explained_variance_ratio_)
```

▼ 拓展阅读

盛世花韵：祖国繁花绘锦绣——鸢尾花数据处理与分析

鸢尾花如图 8.15 所示，一种兼具美丽与实用的花卉，从观赏角度来看，鸢尾花以其优雅的花形和丰富的色彩为人们带来了视觉上的享受。它的花瓣如翩翩起舞的蝴蝶，轻盈而富有动感，色彩则从淡雅的白色到热烈的紫色应有尽有，为花坛、庭院乃至城市绿化增添了无尽的魅力。鸢尾花还具有很高的药用价值，它的根状茎富含消炎成分，可以用于治疗一些炎症。此外，鸢尾花还能活血祛瘀、祛风利湿、解毒杀菌，对身体健康有着积极的促

进作用。更重要的是,鸢尾花对环境也有显著的益处。它的根系发达,能有效地固定土壤,防止水土流失,对维护生态平衡、保护土壤资源具有重要作用。同时,鸢尾花还能吸收空气中的有害物质,净化空气,为我们创造一个更加宜居的生活环境。

图 8.15　鸢尾花图片

鸢尾花数据集(图 8.16)是一个经典的数据集,常用于机器学习和统计学习的入门教学。它包含了三类鸢尾花[山鸢尾、变色鸢尾和弗吉尼亚(Virginica)鸢尾]的测量数据,每类各有 50 个样本,总共 150 个样本。每个样本都有 4 个特征:花萼长度、花萼宽度、花瓣长度和花瓣宽度,这些特征都是以厘米(cm)为单位的数值。此外,每个样本还有一个标签,表示它所属的鸢尾花种类,标签用数字 0、1 和 2 分别表示山鸢尾、变色鸢尾和弗吉尼亚鸢尾。

```
     sepal_length  sepal_width  petal_length  petal_width    species
0             5.1          3.5           1.4          0.2     setosa
1             4.9          3.0           1.4          0.2     setosa
2             4.7          3.2           1.3          0.2     setosa
3             4.6          3.1           1.5          0.2     setosa
4             5.0          3.6           1.4          0.2     setosa
..            ...          ...           ...          ...        ...
145           6.7          3.0           5.2          2.3  virginica
146           6.3          2.5           5.0          1.9  virginica
147           6.5          3.0           5.2          2.0  virginica
148           6.2          3.4           5.4          2.3  virginica
149           5.9          3.0           5.1          1.8  virginica
```

图 8.16　鸢尾花数据集

练 习

一、单项选择题

1. NumPy 库主要用于处理哪种类型的数据?
   A. 一维数组　　　B. 二维数组　　　C. 多维数组　　　D. 链表
2. 如果想将 NumPy 库中的一个向量转换为矩阵,应该使用哪个函数?
   A. reshape()　　　B. reval()　　　C. arrange()　　　D. random()
3. 在使用 Pandas 库时,我们通常如何导入它?
   A. import pandas as pd　　　　　　B. import numpy as pd
   C. from pandas import*　　　　　　D. import matplotlib.pyplot as pd
4. 在 Matplotlib 库中,绘制散点图应使用哪个函数?
   A. plt.scatter(x,y)　　　　　　B. plt.plot(x,y)
   C. plt.bar(x,y)　　　　　　　　D. plt.hist(x,y)
5. 下列关于 Matplotlib 库的说法,哪一个是错误的?
   A. 是 Python 的一个绘图库
   B. 只能用于绘制 2D 图形
   C. 支持多种图形类型的绘制
   D. 可以与 Pandas 库结合使用进行可视化

二、编程题

1. 标准化鸢尾花数据集的 4 个特征属性。
2. 分别计算鸢尾花数据集 4 个特征的平均值、中位数和标准差。
3. 将鸢尾花数据集中的 4 个特征以及类别分离成两个 CSV 文件并分别保存为 data.csv 和 label.csv。
4. 使用 Matplotlib 库,分别绘制花萼长宽散点图与花瓣长宽散点图,并挖掘特征与种类之间的关系。

参考文献

[1] 金兰,梁洁,张硕,等. 案例驱动式 Python 基础与应用:慕课版[M]. 北京:清华大学出版社,2022.

[2] 国家市场监督管理总局,国家标准化管理委员会. 道路车辆 车辆识别代号:GB 16735—2019[S]. 北京:中国标准出版社,2019.

[3] 嵩天,礼欣,黄天羽. Python 语言程序设计基础[M]. 2 版. 北京:高等教育出版社,2017.

[4] 顾琴娣. 基于项目学习的 Python 程序设计教学探索[J]. 读写算,2024(6):146-148.

[5] 王译啡,宋雅蓉. 基于数据挖掘和 K-Means 模型的金融数据可视化分析[J]. 计算机时代,2023(7):96-99,104.

[6] 谢梅芬. 基于 Python 的个人金融数据获取与分析[J]. 数字技术与应用,2023,41(5):118-122.

[7] 张晓涛,陈磊. 基于线性回归的热门股票分析与推荐系统的设计与实现[J]. 现代信息科技,2022,6(22):16-21.

[8] Zhang A B. Portfolio optimization of stocks-Python-based stock analysis[J]. International Journal of Education and Humanities,2023,9(2):32-38.

[9] 徐苑. 基于混合学习的"Python 程序设计"课程考核改革[J]. 科技风,2024,(6):140-142.

[10] 华振宇. 两个 Python 第三方库:Pandas 和 NumPy 的比较[J]. 电脑知识与技术,2023,19(1):71-73,76.

[11] 陆凡. 基于 Matplotlib 的高互动性可视化系统设计与实现[J]. 信息与电脑(理论版),2023,35(15):17-20.

[12] 张玉叶,李霞. 基于 Pandas+Matplotlib 的数据分析及可视化[J]. 山东开放大学学报,2023(3):75-78.

[13] 王婧,许志伟,刘文静,等. 滚动轴承健康智能监测和故障诊断机制研究综述[J]. 计算机科学与探索,2024,18(4):878-898.

参考答案

项目1 练习参考答案

一、单项选择题

1.【答案】C

【解析】Python 中的注释可以分为单行注释"#注释内容"和多行注释"'''注释内容'''",该注释方法"/*注释内容*/"为 C 语言中的注释规则。

2.【答案】D

【解析】变量的命名可以使用大写字母、小写字母或下划线,但不能以数字开头。

3.【答案】C

【解析】print 中的 end 参数默认为"\n"即换行符,题目中使用 end 参数将其修改为"|",因此最后打印的结果为"张三|"。

二、编程题

使用正确的变量名,使用 print 打印即可。

项目2 练习参考答案

一、单项选择题

1.【答案】A

【解析】这四个选项都与时间相关,但是在不同的上下文中有不同的用途:

A. time():这是 Python 中的一个函数,位于 time 模块中。它返回当前时间的时间戳,即从特定参考点[通常是"epoch",即 1970 年 1 月 1 日午夜协调世界时(Coordinated Universal Time,UTC)]到当前时间的秒数。

B. ctime():这也是 time 模块中的一个函数,它接受一个时间戳作为参数,并返回一个可读的表示该时间戳的字符串。通常,这个时间戳是由 time()函数生成的。

C. gmtime():这个函数也在 time 模块中,它接受一个时间戳作为参数,并返回一个代表 UTC 时间的 struct_time 对象。它将时间戳转换为 UTC 时间。

D. struct_time():这不是一个函数,而是一个数据结构,用于表示时间。gmtime()函数返回的就是这样的一个结构体对象,它包含了年、月、日等时间信息的具体数值。

因此,正确答案是 A。

2.【答案】C

【解析】在这段代码中,使用了字符串的 center()函数,该函数将字符串居中,并在两侧填充指定的字符(在这里是"*")。字符串'张三'的长度为2,因此要将其居中填充到长度为7的字符串中。由于填充的字符是"*",所以左边的填充会从"*"开始,直到达到居中的位置。因此,结果会是3个"*"。

因此,正确答案是C。

3.【答案】A

【解析】strftime()是一个Python中用于将时间对象格式化为字符串的函数。它接受一个格式化字符串作为参数,根据这个字符串的指示,将时间对象转换成相应格式的字符串。

在本题中,正确的选项是A,因为:

"%Y":表示四位数的年份。

"%m":表示月份,以两位数表示(01—12)。

"%d":表示日期,以两位数表示(01—31)。

"%H":表示小时,24小时制,以两位数表示(00—23)。

"%M":表示分钟,以两位数表示(00—59)。

"%S":表示秒数,以两位数表示(00—59)。

所以,"年月日 时分秒"模板字符串应该是%Y%m%d %H%M%S。

BCD选项中出现了以下错误:

选项B中的"%D"没有定义,应该用"%d"表示日期。

选项B、D中,小时应该是"%H"而不是"%h",因为"%H"是以24小时制表示小时,而"%h"是以12小时制表示小时。

选项C中分钟和秒数的表示方法错误,应是大写M和S。

4.【答案】B

【解析】在程序中,变量b包含字符串'李四',变量a包含字符串'张三',变量c包含字符串'5'。因此,使用format()函数中的索引,{1}对应的是a,{0}对应的是b,{2}对应的是c。因此,输出语句为"张三比李四高5 cm"。

二、编程题

设计并实现简易计算器的步骤:

(1) 确定功能需求

确定计算器需要支持哪些基本运算,例如加法、减法、乘法、除法等。确定计算器界面需要包含哪些组件,例如文本框用于显示计算结果或用户输入的表达式,按钮用于输入数字和运算符等。

(2) 选择GUI库

在Python中,可以选择Tkinter、PyQt、wxPython等库来创建GUI应用程序。在这里,选择使用Tkinter库,因为它是Python的标准GUI库,使用简单且易于学习。

(3) 设计界面布局

使用Tkinter库的布局管理器(例如grid或pack)设计计算器界面的布局。确定按钮和文本框的位置,确保界面简洁清晰。

(4）编写代码

创建主窗口（Tk）。

创建文本框（Entry），用于显示计算结果或用户输入的表达式。

创建按钮（Button），并为每个按钮绑定点击事件处理函数。

编写按钮点击事件的处理函数，处理用户点击按钮时的逻辑。

实现清除按钮和计算按钮的功能。

（5）测试和调试

运行程序，测试每个按钮和功能是否正常工作。

对界面布局和功能进行调整和优化，确保用户体验良好。

在编写代码时，要确保代码结构清晰，注释清楚，并且考虑到用户可能的各种输入情况，以提高程序的稳定性和可靠性。

参考程序：

```python
import tkinter as tk
# 创建主窗口
root=tk.Tk()
root.title("简易计算器")
# 定义按钮点击事件
def button_click(value):
    entry.insert(tk.END, value)
def clear_entry():
    entry.delete(0, tk.END)
def calculate():
    try:
        result=eval(entry.get())
        clear_entry()
        entry.insert(tk.END, result)
    except Exception as e:
        clear_entry()
        entry.insert(tk.END, "错误")
# 创建显示结果的文本框
entry=tk.Entry(root, width=30, borderwidth=5)
entry.grid(row=0, column=0, columnspan=4, padx=10, pady=10)
# 创建按钮
buttons=[
    ('7', 1, 0), ('8', 1, 1), ('9', 1, 2), ('/', 1, 3),
    ('4', 2, 0), ('5', 2, 1), ('6', 2, 2), ('*', 2, 3),
```

```
            ('1', 3, 0), ('2', 3, 1), ('3', 3, 2), ('-', 3, 3),
            ('0', 4, 0), ('.', 4, 1), ('=', 4, 2), ('+', 4, 3)
]
for (text, row, column) in buttons:
    button=tk.Button(root, text=text, padx=20, pady=20,
                     command=lambda text=text: button_click(text))
    button.grid(row=row, column=column, padx=5, pady=5)
# 创建清除按钮
clear_button=tk.Button(root, text="清除", padx=20, pady=20, command=clear_entry)
clear_button.grid(row=5, column=0, columnspan=2, padx=5, pady=5)
# 创建计算按钮
calculate_button=tk.Button(root, text="计算", padx=20, pady=20, command=calculate)
calculate_button.grid(row=5, column=2, columnspan=2, padx=5, pady=5)
root.mainloop()
```

项目 3 练习参考答案

一、单项选择题

1. 【答案】C

【解析】VIN 码是车辆识别代码（Vehicle Identification Number）的缩写，也称为车架号。它是由 17 位字符组成的唯一编码，用于标识汽车、摩托车、卡车等车辆的身份信息。VIN 码可以提供车辆的制造商、车辆型号、制造年份、生产地点、引擎类型、车身类型等详细信息。每辆车的 VIN 码都是独一无二的，类似于车辆的身份证号码。

2. 【答案】C

【解析】题干中的问题为在"LE4ZG8DB7ML673668"字符串中通过切片查找"7M"，字符串的索引从左到右是从 0 开始的。如果是从左到右，那么 7 对应的索引为 8，M 对应的索引为 9，考虑到切片时为前闭后开的区间，因此应该使用 str[8:10]进行切片。如果使用负索引，那么从右往左索引从-1 开始计数。可以知道 7 所在索引为-9，M 所在索引为-8，考虑到切片时为前闭后开的区间，因此应该使用 str[-9:-7]进行切片。

3. 【答案】A

【解析】在 Python 中，没有 contains()这样的字符串函数。正确的方法是使用 find()函数、index()函数或 in 操作符判断一个字符串是否包含指定的子字符串。

（1）in 操作符

in 是 Python 中的成员操作符，用于检查一个值是否存在于一个序列（如字符串、列表、元组等）中。它返回一个布尔值，如果值存在于序列中，那么返回 True，否则返回 False。in 操作符通常与条件语句结合使用，以检查特定值是否存在于序列中。它可以用于字符串中检查子字符串是否存在，也可以用于列表、元组等数据结构中检查特定元素是否存在。

```
# 检查字符串中是否包含特定子字符串
sentence="Hello, world!"
"world" in sentence                    # 返回 True
```

(2) find()函数

find()方法用于返回子字符串的索引位置,如果找不到匹配项,那么返回 -1。

find()是字符串对象的一个函数,用于在字符串中查找指定子字符串的位置索引。它的基本语法如下:

```
str.find(sub[, start[, end]])
```

其中各项参数的说明如下:

sub:要查找的子字符串。

start(可选):搜索的起始位置,默认为 0。

end(可选):搜索的结束位置,默认为字符串的长度。

如果找到了子字符串,那么返回第一个匹配的子字符串的起始位置索引;如果未找到,那么返回 -1。

```
sentence="Hello, world!"
index=sentence.find("world")
print(index)    # 输出:7
```

在上述例子中,find()函数返回了子字符串 "world" 在字符串 "Hello, world!" 中的起始位置索引,即 7。

(3) index()函数

与 find() 函数不同的是,如果未找到子字符串,那么 index() 函数会抛出字符ValueError 异常,而不是返回 -1。因此,在使用 index() 函数时,需要注意确保子字符串存在于字符串中,或者使用异常处理机制来处理可能的异常情况。

4.【答案】A

【解析】VIN 码的第 9 位通常是一个校验位,它可以用来验证 VIN 码的有效性。校验位的计算与 VIN 码的其他 16 位数字有关。具体的计算方法可以参考国际标准 ISO 3779。校验位可以帮助检测 VIN 码是否输入错误或者被篡改,以确保 VIN 码的准确性和完整性。

题目中第 9 位可以通过切片获得,正向从左到右可以使用 vin[8]进行切片,从右往左可以使用 vin[-9]进行切片。A 选项中使用了 Python 的 f-string 格式化字符串的语法,f"{vin[8]}" 将返回 VIN 码的第 9 位字符。因此答案为 A 选项。

二、编程题

1. 中国标准的声音——国标代号解析设计

(1) 国家标准代码解析代码

```python
type_str='GB,GB/T'
type_name='强制性国标,推荐性国标'
# 获取输入,输入要解析的国家标准,规定了输入的格式
input_str=input("请输入国标代号及名称(格式一般为'标准类型 标准号-年份 名称'):")

# 使用字符串切片解析信息
# split()函数,将标准按照空格分成三部分:[标准类型,标准号-年份,名称]
part=input_str.split(' ')

# 获取第一部分即标准类型
std_type=part[0]

# 将 type_str 按照逗号划分为两部分,使用列表的 index()函数查找标准类型对应的位置索引号
type_index=type_str.split(',').index(std_type)

# 利用上一步查到的索引号,查找 type_name 以获得该索引号对应的标准类型名
std_type_name=type_name.split(',')[type_index]

std=part[1]            # 获取第二部分即标准号-年份
name=part[2]           # 获取第三部分即名称

# 将 std 即标准号-年份按照短杠划分成两部分,num 和 year,这里获得 num
std_num=std.split('-')[0]
std_year=std.split('-')[1]   # 这里获得 year

# 输出解析到的信息
print("标准类型:", std_type_name,)
print("标准号:", std_num)
print("年份:", std_year)
print("名称:", name)
```

（2）国家标准代码解析工具界面代码

```python
import tkinter as tk
from tkinter import messagebox
# 创建字体
custom_font=("SimSun",10)          # 设置字体样式、大小、粗细
def decode_std():
    type_str='GB,GB/T'
    type_name='强制性国标,推荐性国标'

    # 使用字符串切片解析信息
    # split()函数，将标准按照空格分成三部分：[标准类型,标准号-年份,名称]
    part=entry.get().split(' ')
    std_type=part[0]               # 获取第一部分即标准类型

    # 将type_str按照逗号划分为两部分,使用列表的index()函数查找标准类型对应的索引号
    type_index=type_str.split(',').index(std_type)

    # 利用上一步查到的索引号,查找type_name以获得该索引号对应的标准类型名
    std_type_name=type_name.split(',')[type_index]

    std=part[1]                    # 获取第二部分即标准号-年份
    name=part[2]                   # 获取第三部分即名称

    # 将std即标准号-年份按照短杠划分成两部分,num和year,这里获得num
    std_num=std.split('-')[0]
    std_year=std.split('-')[1]     # 这里获得year

    # 显示结果
    result_text=f"标准类型:{std_type_name}\n标准号:{std_num}\n年份:{std_year}\n标准\
        名:{name}"
    result_label.config(text=result_text)

# 创建主窗口
root=tk.Tk()
root.title("国家标准代号解析工具")
root.option_add("*Font",custom_font)
# 创建输入框
label=tk.Label(root,text="请输入国家标准:格式一般为'标准类型 标准号-年份 名称'",
        font=custom_font,width=50)
label.pack()
```

```
entry=tk.Entry(root,width=50)
entry.pack()

# 创建按钮
button=tk.Button(root,text="解析国标代号",command=decode_std,font=custom_font)
button.pack()

# 创建显示结果的标签
result_label=tk.Label(root,text="",width=50)
result_label.pack()

# 运行主循环
root.mainloop()
```

运行结果如图3.A所示：

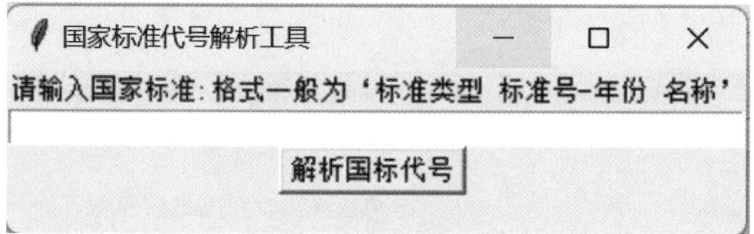

图3.A 运行结果图1

输入国家标准代号：GB/T 42980—2023 智能制造 机器视觉在线检测系统测试方法，再点击"解析国标代号"按钮，则转化结果显示如图3.B所示：

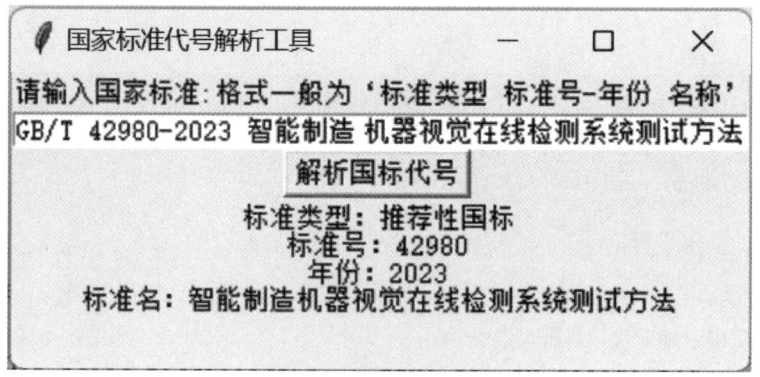

图3.B 运行结果图2

输入国家标准代号的时候请注意其格式为"标准类型 标准号-年份 名称"，"标准类型"与"标准号-年份"之间，"标准号-年份"与"名称"之间，都是有一个空格的。

2. 科技先锋的力量——科研论文题目转换

```python
# 导入 Tkinter 模块并重命名为 tk
import tkinter as tk

# 创建主窗口
root=tk.Tk()
# 设置窗口标题
root.title("字符串转换器")

# 定义不需大写的常用单词列表
no_upper="a, an, the, and, but, or, nor, for, so, yet, in, on, under, over, with, by, for, to"

# 创建输入文本框的标签
entry_label=tk.Label(root,text="请输入要制作的标题:")
entry_label.pack()

# 创建输入文本框
entry=tk.Entry(root,width=100)
entry.pack()

# 定义按钮点击事件函数
def button_clicked():
    # 获取输入框中的文本
    txt=entry.get()
    new_txt=''
    # 遍历文本中的单词
    for i in txt.split():
        # 如果单词中不包含连字符
        if i.find('-') == -1:
            # 如果单词不在不需大写的列表中,那么将首字母大写
            if i not in no_upper:
                new_txt=new_txt + ' ' + i[0].upper() + i[1:]
            else:
                new_txt=new_txt + ' ' + i
        # 如果单词中包含连字符
        else:
            word=i.split('-')
            a=''
            # 对连字符后的单词进行处理
            for w in word[1:]:
```

```
                if w not in no_upper:
                    a=a + w[0].upper() + w[1:]
                else:
                    a=a + w
            new_txt=new_txt + ' ' + word[0][0].upper() + word[0][1:] + '-' + a
    # 将处理后的文本显示在输出文本框中
    output_var.set(new_txt)


# 创建输出文本框的标签
output_label=tk.Label(root, text="转换结果:")
output_label.pack()


# 创建输出文本框,并设置为只读
output_var=tk.StringVar()
output=tk.Entry(root, textvariable=output_var, state='readonly', width=100)
output.pack()


# 创建转换按钮
convert_button=tk.Button(root, text="转换", command=button_clicked)
convert_button.pack()


# 运行主循环
root.mainloop()
```

运行结果如图3.C所示:

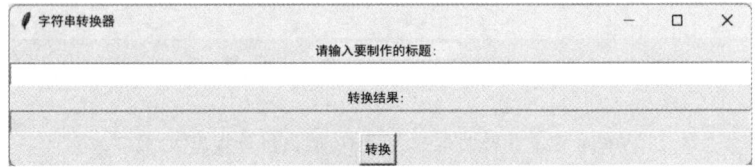

图3.C 英文题目转换器效果图1

在"请输入要制作的标题"下面输入一串英文的论文标题"planning collision-free paths for robotic arm among obstacles",再点击"转换"按钮,则完成首字母大小写转换,转化结果显示为"Planning Collision-Free Paths for Robotic Arm Among Obstacles",如图3.D所示:

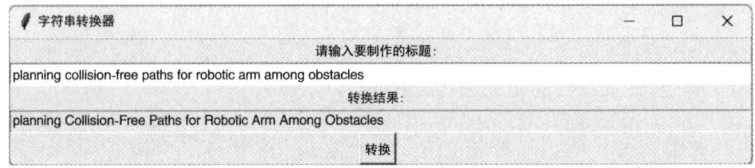

图3.D 英文题目转换器效果图2

项目 4 练习参考答案

一、单项选择题

1. 【答案】D

【解析】海龟的初始位置为头朝右,题目中海龟的头朝向了左上。按照逆时针旋转为正的原则可以进行四个选项的分析。选项 A 中的 rt(225)表示右转 225°,右转 225°正好可以到达题目中海龟的位置。选项 B 中的 lt(135)表示左转 135°,同样可以通过左转 135 到达题目中海龟的位置。选项 C 中 seth(135)表示设置海龟的绝对朝向为正的 135°,即表示从初始位置逆时针旋转 135°,正好是题目中海龟的位置。选项 D 中的 seth(225)表示设置海龟的绝对朝向为正的 225°,即表示从初始位置逆时针旋转 225°,海龟应该头朝左下,因此该选项错误。

2. 【答案】D

【解析】D 选项中,位置参数 b 位于名称参数或关键字参数 a=1 的后面,这在 Python 中是错误的语法,应该先传入位置参数,所有位置参数传完之后再传入名称参数或关键字参数。当传入名称参数或关键字参数之后不允许再传入位置参数。

3. 【答案】B

【解析】题目中 f 是匿名函数,该函数实现的功能为当传入两个参数 low 和 high 时,调用另一个 random 库中的 randint()函数实现在 low 和 high 中随机产生一个整数。尤其需要注意的是,randint()函数支持闭区间,即随机数可以从 low 和 high 中产生。因此程序可以打印 2 或 3,B 选项错误。

二、编程题

```
import turtle                          # 导入 turtle 库
import time                            # 导入 time 库(用于处理时间相关的操作)

# 设置海龟的初始条件
def set_turtle_condition(a, b, pen_size, pen_color, fill_color="white"):
    turtle.pensize(pen_size)           # 设置画笔宽度
    turtle.pencolor(pen_color)         # 设置画笔颜色
    turtle.fillcolor(fill_color)       # 设置填充颜色
    turtle.up()                        # 抬起画笔
    turtle.goto(a, b)                  # 将画笔移动到指定位置
    turtle.down()                      # 放下画笔

# 初始化海龟的位置
def init():
    turtle.up()                        # 抬起画笔
```

```python
        turtle.home()                                      # 将画笔移动到初始位置
        turtle.down()                                      # 放下画笔

    # 绘制时钟的外框
    def draw_frame(radius: float):
        turtle.circle(radius)                              # 绘制半径为 radius 的圆
        init()                                             # 初始化海龟的位置

    # 设置时、分、秒针的形状
    def set_hand(shape_str, length, size, color_str):
        turtle.tracer(0)                                   # 关闭动画
        turtle.reset()                                     # 重置画布
        turtle.pensize(size)                               # 设置画笔宽度
        turtle.pencolor(color_str)                         # 设置画笔颜色
        turtle.begin_poly()                                # 开始绘制多边形
        turtle.seth(90)                                    # 设置初始方向为向上
        turtle.fd(length)                                  # 前进距离为 length
        turtle.end_poly()                                  # 结束绘制多边形
        shape_gra=turtle.get_poly()                        # 获取绘制的多边形
        turtle.register_shape(shape_str, shape_gra)        # 注册自定义形状
        turtle.reset()                                     # 重置画布
        turtle.ht()                                        # 隐藏海龟

    # 创建时、分、秒的海龟
    h_hand=turtle.Turtle()                                 # 创建时针海龟对象
    m_hand=turtle.Turtle()                                 # 创建分针海龟对象
    s_hand=turtle.Turtle()                                 # 创建秒针海龟对象

    # 设置时针海龟的属性
    h_hand.pensize(20)                                     # 设置时针海龟的画笔宽度
    h_hand.pencolor("red")                                 # 设置时针海龟的画笔颜色

    # 设置分针海龟的属性
    m_hand.pensize(10)                                     # 设置分针海龟的画笔宽度
    m_hand.pencolor("blue")                                # 设置分针海龟的画笔颜色

    # 设置秒针海龟的属性
    s_hand.pensize(5)                                      # 设置秒针海龟的画笔宽度

    # 设置秒针的形状
```

```
set_hand('s_hand_str', 180, 5, "red")
# 设置分针的形状
set_hand('m_hand_str', 170, 20, 'blue')
# 设置时针的形状
set_hand('h_hand_str', 140, 40, 'black')

turtle.speed("fastest")                      # 设置绘制速度为最快

set_turtle_condition(0, -200, 2, "blue")     # 设置画笔条件
draw_frame(200)                              # 绘制时钟的外框

turtle.tracer(1)                             # 打开动画
s_hand.shape('s_hand_str')                   # 设置秒针海龟的形状
m_hand.shape('m_hand_str')                   # 设置分针海龟的形状
h_hand.shape("h_hand_str")                   # 设置时针海龟的形状

s_hand.seth(0)                               # 设置秒针海龟的初始方向为向右
m_hand.seth(0)                               # 设置分针海龟的初始方向为向右
h_hand.seth(0)                               # 设置时针海龟的初始方向为向右

# 循环模拟时钟走动
for i in range(0, 61):
    s_hand.showturtle()                      # 显示秒针海龟
    m_hand.showturtle()                      # 显示分针海龟
    h_hand.showturtle()                      # 显示时针海龟
    m_hand.rt(0.1)                           # 分针每次旋转 0.1°
    h_hand.rt(360/12/3600)                   # 时针每次旋转[360/(12×3600)]°
    s_hand.rt(6)                             # 秒针每次旋转 6°
    time.sleep(1)                            # 每次暂停 1 s

turtle.done()                                # 结束程序
```

项目 5　练习参考答案

一、单项选择题

1.【答案】C

【解析】循环结构的主要用途是重复执行某个任务或检查某个条件,直到满足特定的终止条件。对于设备状态的监测,循环结构可以确保系统不断地检查设备的状态,直到满足预设的维护条件或满足其他终止条件。

2.【答案】D

【解析】break 语句用于在循环中提前终止循环,当设备状态满足某个条件时,可以使用 break 语句退出循环。

3.【答案】C

【解析】for 循环通常用于已知次数的循环,例如在智能预测性维护系统中,如果需要检查固定次数的设备状态,那么可以使用 for 循环来实现。

4.【答案】C

【解析】虽然使用 try-except 语句可以对程序中的异常进行捕获和处理,但这并不意味着程序将永远不会再出错。异常处理的主要目的是提供一种机制来优雅地处理可能出现的错误情况,而不是完全消除错误。程序中可能仍然存在逻辑错误、语法错误或其他类型的错误,这些错误不能通过异常处理来解决。

二、编程题

1.

```python
# 使用 for 循环从 1000 到 10000 进行遍历
for a in range(1000, 10000):
    # 提取出每个数位上的数字,b 代表个位,c 代表十位,d 代表百位,e 代表千位
    a1 = a
    b = a1 % 10
    a1 = int(a1/10)
    c = a1 % 10
    a1 = int(a1/10)
    d = a1 % 10
    a1 = int(a1/10)
    e = a1
    # 进行自幂数判断
    if (pow(b,4) + pow(c,4) + pow(d,4) + pow(e,4) == a):
        print(a)
```

2.

```python
# 获取用户输入的数字字符串
user_input = input("请输入一个数:")
# 检查输入是否只包含数字
if user_input.isdigit():
    # 获取字符串的长度
    length = len(user_input)
    # 初始化两个指针,一个指向字符串的开始,一个指向字符串的结束
    left = 0
```

```
            right=length-1
        # 判断是否为回文数
        is_palindrome=True
        while left<right:
            # 如果两端的字符不相等,那么不是回文数
            if user_input[left] ! = user_input[right]:
                is_palindrome=False
                break
            #移动指针向中间
            left+=1
            right+=1
        # 输出结果
        if is_palindrome:
            print(user_input,"是一个回文数!")
        else:
            print(user_input,"不是一个回文数!")
else:
    print("输入的不是一个有效的数字字符串,请重新输入!")
```

3.

```
# 初始化连续故障状态的计数器
consecutive_faults=0
# 无限循环,直到满足退出条件
while True:
    # 获取用户输入的设备状态
    status=input("请输入设备状态(正常/警告/故障):")

    # 根据设备状态输出相应的维护操作信息
    if status == "正常":
        print("执行日常检查")
        consecutive_faults=0   # 重置连续故障计数器
    elif status == "警告":
        print("执行预警维护")
    elif status == "故障":
        print("执行紧急维修")
        consecutive_faults += 1
        if consecutive_faults >= 3:
            print("设备需要停机检修")
```

```
            break    # 退出循环
    else:
        print("无效的设备状态输入,请重新输入")
```

项目6 练习参考答案

一、单项选择题

1. 【答案】C

【解析】int(整数型)、float(浮点型)和 bool(布尔型)都是基本数据类型。list(列表)是 Python 中的一种组合数据类型,它可以包含任意数量的项,并且这些项的数据类型可以不同。

2. 【答案】A

【解析】在 Python 字典中,键值对是由键(key)和值(value)组成的,它们之间用冒号(:)分隔。例如:{'key': 'value'}。

3. 【答案】A

【解析】元组(tuple)是 Python 中的另一种组合数据类型,用于存储一系列不可变的项。选项 A 中的(1,2,3)是一个包含三个整数的元组。选项 B 创建的是一个列表(list),选项 C 创建的是一个集合(set),选项 D 创建的是一个字典(dictionary)。

4. 【答案】C

【解析】list.index()函数可以用来检查一个元素是否存在于列表中,并返回该元素的索引。如果元素不存在于列表中,那么它将抛出一个 ValueError。虽然使用 list.index()函数不是直接检查元素是否存在的最佳方法(更好的方法是使用 in 关键字),但根据题目选项,它是唯一相关的函数。实际上,应使用 element in list 这样的表达式来检查元素是否存在。

5. 【答案】C

【解析】在 Python 中,向字典中添加新的键值对是通过直接赋值给字典的键来完成的,即 dict[key]=value。字典没有 append()、add()或 insert()这样的函数来添加键值对。

二、编程题

```
import random
import matplotlib.pyplot as plt

#字体设置
plt.rcParams['font.family'] = 'SimSun'
plt.rcParams['font.size'] = 12

#数据生成与存储
```

```python
# 模拟采集的刀具磨损数据
wear_data = {
    f"cycle{i}": [round(random.uniform(1, 150), 2) for _ in range(4)] for i in range(1, 69)
}

# 数据处理
average_wear = []
max_wear = []
min_wear = []

for cycle, values in wear_data.items():
    average_wear.append(round(sum(values) / len(values), 2))
    max_wear.append(max(values))
    min_wear.append(min(values))

# 数据可视化
plt.figure(figsize=(10, 5))
cycles = list(range(1, 69))
plt.plot(cycles, average_wear, label="平均磨损值", color="blue", ls='-')
plt.plot(cycles, max_wear, label="最大磨损值", color="red", ls='-.')
plt.plot(cycles, min_wear, label="最小磨损值", color="green", ls='--')

plt.xlabel("循环次数/次")
plt.ylabel("磨损值/$\mu$m")
plt.legend()
plt.grid(True)
# 保存图表为 600dpi 的 PNG 图片
plt.savefig(r"D:\图 6.4.png", dpi=600)
plt.show()

# 分析与预测
# 根据曲线图分析刀具磨损的变化趋势,预测刀具的最佳更换周期
# 例如:当平均磨损值超过某个阈值时,建议更换刀具
threshold = 110   # 假设阈值为 110 $\mu$m
for i, avg_wear in enumerate(average_wear, start=1):
    if avg_wear > threshold:
        print(f"建议在第{i}次加工后更换刀具,此时平均磨损值为{avg_wear} $\mu$m")
        break
else:
    print("在 68 次加工过程中,刀具磨损未超过阈值,无须更换")
```

项目 7 练习参考答案

一、单项选择题

1.【答案】A

【解析】在 Python 中，open()函数用于打开文件，并返回文件对象。read()函数用于读取文件内容，write()函数用于写入文件内容，close()函数用于关闭文件。因此，正确答案是 A。

2.【答案】A

【解析】在 Python 中，以只读方式打开文件应使用模式'r'。'w'是写入模式，会覆盖原有内容；'a'是追加模式，在原有内容后追加新内容。因此，正确答案是 A。

3.【答案】A

【解析】在 Python 中，使用 open()函数打开文件后，应使用 close()函数确保文件被正确关闭。虽然 Python 会在文件对象不再被引用时自动关闭文件，但为了确保资源的及时释放和避免潜在问题，最好显式调用 close()函数。因此，正确答案是 A。

4.【答案】D

【解析】在 Python 中，读取文件内容后，可以使用 readlines()函数读取文件内容中的每一行，该方法返回一个包含文件所有行文本的列表。也可以使用 read()函数读取整个文件内容，然后按照行进行分割。直接迭代文件对象（即使用 for 循环）也是读取文件每一行的常用方法。D 选项 strip()是字符串的一个函数，用于删除字符串首尾的空白字符，无法实现读取行内容，因此本题选 D。

5.【答案】A

【解析】在 Python 中，将整数列表写入文件时，由于文件只能写入字符串，因此需要将整数转换为字符串后再写入。可以使用循环遍历整数列表，将每个整数转换为字符串后写入文件，每行一个整数。因此，正确答案是 A。

二、编程题

1. 两会焦点洞察——热点话题分析与可视化

（1）数据收集：从权威渠道收集近五年的两会提案、新闻报道等相关数据，确保数据的完整性和准确性。可以使用爬虫软件，如八爪鱼等。

（2）数据预处理：对收集到的数据进行清洗、分词、删除停用词等预处理工作，为后续的分析和可视化打下基础。可以使用 Python 的 Pandas 库进行数据处理和清洗，删除无关列、重复行以及缺失值等。

（3）热点话题提取：利用分词技术（如利用 Jieba 库），从预处理后的数据中提取出热点话题。

（4）话题分布与趋势分析：结合时间维度，分析每个热点话题在不同年份的分布情况及其变化趋势。可以使用余弦相似度计算话题之间的相似度，或使用时间序列分析对比不同年份的话题演变。

(5) 可视化展示：利用可视化技术（如词云图、柱状图、折线图等），将热点话题及其分布与趋势以直观、生动的方式呈现出来。可视化结果应清晰易懂，能够突出展示关键信息和规律。

部分代码参考如下：

```python
import pandas as pd
import re
# 假设数据已经下载并保存在 'two_sessions_data.txt' 文件中
filename = 'two_sessions_data.txt'
# 读取文本文件
with open(filename, 'r', encoding='utf-8') as file:
    data = file.readlines()
# 进行数据清洗
cleaned_data = []
for line in data:
    # 删除无关信息，例如 HTML 标签等
    clean_line = re.sub(r'<[^>]*>', '', line)
    # 删除前后空白字符
    clean_line = clean_line.strip()
    # 如果清洗后的数据不为空，那么添加到列表中
    if clean_line:
        cleaned_data.append(clean_line)
# 将数据转换成 DataFrame
df = pd.DataFrame(cleaned_data, columns=['text'])
# 删除重复项
df = df.drop_duplicates(subset='text')
# 保存到 CSV 文件
output_filename = 'cleaned_two_sessions_data.csv'
df.to_csv(output_filename, index=False, encoding='utf-8-sig')
print(f'数据已清洗并保存至 {output_filename}')

#接下来，进行数据处理
import pandas as pd
from collections import Counter
# 假设清洗后的数据，包含 'text' 和 'year' 两列
df = pd.read_csv('cleaned_two_sessions_data.csv')   # 读取之前保存的 CSV 文件
# 示例数据
data = [
    {'text': '今年两会提出了关于教育改革的议案。', 'year': 2023},
    {'text': '环保问题是今年两会的热议话题之一。', 'year': 2023},
    {'text': '去年两会，科技创新被多次提及。', 'year': 2022},
```

```python
        # 其他数据
]
df = pd.DataFrame(data)
# 分割文本为单词或短语(这里简单使用空格分割)
df['words'] = df['text'].apply(lambda x: x.split())
# 定义一个函数计算热点话题
def find_hot_topics(year):
    # 筛选特定年份的数据
    year_data = df[df['year'] == year]
    # 合并所有文本到一个列表中
    all_words = [word for text in year_data['words'] for word in text]
    # 计算词频
    word_counts = Counter(all_words)
    # 取出词频最高的 N 个词作为热点话题(这里假设 N=10)
    hot_topics = word_counts.most_common(10)
    return hot_topics
# 计算2023年的热点话题
hot_topics_2023 = find_hot_topics(2023)
print("2023年热点话题:")
for topic, count in hot_topics_2023:
    print(f"{topic}: {count}")
# 计算2022年的热点话题以做对比
hot_topics_2022 = find_hot_topics(2022)
print("\n2022年热点话题:")
for topic, count in hot_topics_2022:
    print(f"{topic}: {count}")
# 对比两年热点话题的差异
diff = set(topic for topic, _ in hot_topics_2023) - set(topic for topic, _ in hot_topics_2022)
print("\n2023年新增热点话题:")
for topic in diff:
    print(f"{topic}")

# 进行可视化展示,定义一个函数绘制词云图
def generate_wordcloud(year):
    # 筛选特定年份的数据
    year_data = df[df['year'] == year]
    # 合并所有文本到一个字符串中
    all_text = ' '.join(year_data['text'])
    # 创建词云对象并生成词云
```

```
            wordcloud=WordCloud(width=800,height=400,background_color='white',min_font_size=
                                10).generate(all_text)
            # 显示词云图
            plt.figure(figsize=(10,5))
            plt.imshow(wordcloud,interpolation='bilinear')
            plt.axis("off")
            plt.title(f'{year}年两会热点话题词云图')
            plt.show()
            # 也可以将词云图保存到文件
            # wordcloud.to_file(f'{year}_wordcloud.png')
# 生成2023年的词云图
generate_wordcloud(2023)
```

2. 传统艺术智识——茶韵文化识别

对绿茶不同产地的产量、品质进行分析,首先需要收集相关数据,包括各产地的年产量、品质指标(如口感评分、香气评分等)。其次,利用数据分析工具(如 Excel、Python 的 Pandas 库等)对数据进行清洗、整理和分析。最后,选择适当的可视化工具(如 Matplotlib 库、Seaborn 库等)将数据以图表形式展示出来,以便直观地观察各产地之间的差异和趋势。

对于茶韵文化的元素和特色提取,首先需要收集大量与茶相关的文本材料,包括历史文献、诗词歌赋、现代文章等。其次,利用文本分析工具(如 Jieba 库、TF-IDF 算法等)对文本进行分词、关键词提取等操作。通过分析提取出的关键词和词频,我们可以发现茶韵文化的主要元素和特色。最后,可以将这些元素和特色进行归纳和总结,形成对茶韵文化的深入理解。

可使用的方法:

(1)数据收集与清洗:利用爬虫技术从相关网站或数据库收集数据,使用 Pandas 库对数据进行清洗和整理。

(2)数据分析:使用 Pandas 库对数据进行统计分析,如计算平均值、标准差等,以了解各产地的产量和品质分布情况。

(3)数据可视化:使用 Matplotlib 库或 Seaborn 库绘制柱状图、折线图等,展示各产地的产量和品质对比情况。

(4)文本分词与关键词提取:使用 Jieba 库对文本进行分词处理,利用 TF-IDF 算法提取关键词。

(5)文本分析:通过统计关键词的词频和共现关系,分析茶韵文化的主要元素和特色。

部分代码参考如下:

(1) 数据准备和探索性分析

```python
import pandas as pd
import numpy as np
# 读取CSV文件
df=pd.read_csv('green_tea_data.csv')
# 数据清洗示例:处理缺失值
# 产量缺失值用0填充
df['production'].fillna(0, inplace=True)
# 品质评分缺失值用均值填充
df['quality_score'].fillna(df['quality_score'].mean(), inplace=True)
# 删除含有缺失值的行(如果需要)
df.dropna(inplace=True)
# 查看清洗后的数据
print(df.head())
# 描述性统计
print(df.describe())
# 产量和品质评分的相关性分析
correlation=df[['production', 'quality_score']].corr()
print(correlation)
# 可视化产量和品质评分的分布
plt.figure(figsize=(12, 6))
plt.subplot(1, 2, 1)
df['production'].plot(kind='hist', bins=30, title='绿茶产量分布')
plt.xlabel('产量')
plt.ylabel('频数')
plt.subplot(1, 2, 2)
df['quality_score'].plot(kind='hist', bins=30, title='绿茶品质评分分布')
plt.xlabel('品质评分')
plt.ylabel('频数')
plt.tight_layout()
plt.show()
```

(2) 产量和品质分析

接下来,可以对产量和品质进行更深入的统计分析,比如比较不同产地的平均产量和平均品质评分。

```python
# 分组计算不同产地的平均产量和品质评分
grouped=df.groupby('origin')[['production', 'quality_score']].mean()
print(grouped)
# 可视化不同产地的平均产量
```

```python
plt.figure(figsize=(10, 6))
grouped['production'].plot(kind='bar', title='不同产地绿茶平均产量对比')
plt.xlabel('产地')
plt.ylabel('平均产量')
plt.show()
# 可视化不同产地的平均品质评分
plt.figure(figsize=(10, 6))
grouped['quality_score'].plot(kind='bar', title='不同产地绿茶平均品质评分对比')
plt.xlabel('产地')
plt.ylabel('平均品质评分')
plt.show()


import seaborn as sns
from sklearn.linear_model import LinearRegression
# 绘制产量与品质的散点图
plt.figure(figsize=(10, 6))
sns.scatterplot(x='production', y='quality_score', data=df, hue='origin')
plt.title('绿茶产量与品质评分关系')
plt.xlabel('产量')
plt.ylabel('品质评分')
plt.show()
# 对产量和品质进行线性回归分析(以全数据为例,也可以按产地分组进行)
X=df['production'].values.reshape(-1, 1)
y=df['quality_score'].values.reshape(-1, 1)
model=LinearRegression()
model.fit(X, y)
# 输出回归系数和截距
print(f'回归系数:{model.coef_}')
print(f'截距:{model.intercept_}')
# 可视化回归线
plt.figure(figsize=(10, 6))
sns.scatterplot(x='production', y='quality_score', data=df, hue='origin')
plt.plot(X, model.predict(X), color='red')
plt.title('绿茶产量与品质评分线性回归')
plt.xlabel('产量')
plt.ylabel('品质评分')
plt.show()
```

3. 操作2要求对与茶相关的文本材料进行分析,以提取茶韵文化的元素和特色。这通常涉及文本分析和自然语言处理技术。在Python中,可以使用Jieba库和WordCloud

库来完成这个任务。

```
import jieba
from wordcloud import WordCloud
import matplotlib.pyplot as plt
# 假设有一段关于茶的文本材料
text="""
茶,源自中国,历史悠久,品种繁多。绿茶清新爽口,红茶醇厚甘美,乌龙茶韵味悠长。品茶,不仅是一种享受,更是一种文化的传承。茶道精神,注重礼仪、和谐与自然。茶叶的采摘、制作、冲泡,都蕴含着深厚的文化内涵。茶韵文化,体现了中国人的审美情趣和精神追求。
"""
# 使用Jieba库进行分词
seg_list=jieba.cut(text,cut_all=False)
words=' '.join(seg_list)
# 创建词云对象,设置词云的一些属性
wordcloud=WordCloud(font_path='simhei.ttf',   # 设置字体路径,确保支持中文
                    background_color="white",
                    max_words=100,
                    max_font_size=60,
                    width=800,
                    height=400,
                    margin=2
                    ).generate(words)
# 显示词云图
plt.figure(figsize=(10,5))
plt.imshow(wordcloud,interpolation='bilinear')
plt.axis("off")
plt.show()
```

项目8 练习参考答案

一、单项选择题

1.【答案】C

【解析】NumPy("Numerical Python"的简称)库主要用于处理多维数组和矩阵。尽管NumPy库也支持处理一维和二维数组,但其核心功能是处理任意维度的数组,因此选项C"多维数组"是最准确的答案。一维数组可以看作是特殊的多维数组(维度为1),而二维数组也只是多维数组的一个特例(维度为2)。NumPy库提供了大量的函数来操作这些

数组,包括数学运算、形状变换、切片、排序等。

2.【答案】A

【解析】在 NumPy 中,reshape()函数用于改变数组的形状。如果想将一个向量(一维数组)转换为矩阵(二维数组),可以使用 reshape()函数。选项 B 的 reval()函数并不是 NumPy 库中的函数。选项 C 的 arrange()函数用于创建一系列等差数列的数组,而选项 D 的 random()函数用于生成随机数,它们都不用于改变数组的形状。

3.【答案】A

4.【答案】A

【解析】在 Matplotlib 库中,plt.scatter(x,y)函数用于绘制散点图。这个函数接收两个一维数组作为参数,分别表示 x 轴和 y 轴的坐标点。选项 B 的 plt.plot(x,y)函数用于绘制线条图,包括直线、折线等。选项 C 的 plt.bar(x,y)函数用于绘制柱状图。选项 D 的 plt.hist(x,y)函数用于绘制直方图,但它不接收两个参数分别作为 x 轴和 y 轴的值,而是主要用于展示数据的分布情况。

5.【答案】B

【解析】Matplotlib 是一个强大的 Python 绘图库,用于绘制各种类型的图形。虽然 Matplotlib 库最初主要用于绘制 2D 图形,但它也可以用于绘制 3D 图形。因此,选项 B 的说法是错误的。选项 A 正确,因为 Matplotlib 确实是 Python 的一个绘图库。选项 C 也是正确的,Matplotlib 支持绘制多种类型的图形,包括折线图、散点图、柱状图、直方图等。选项 D 也是正确的,Matplotlib 库经常与 Pandas 库结合使用,以便从 Pandas 库的 DataFrame 或 Series 对象中直接提取数据并进行可视化。

二、编程题

1.

```
from sklearn.datasets import load_iris
from sklearn.preprocessing import StandardScaler
import numpy as np
# 加载鸢尾花数据集
iris=load_iris()
X=iris.data
y=iris.target
# 初始化 StandardScaler
scaler=StandardScaler()
# 使用 fit_transform()函数进行标准化
X_scaled=scaler.fit_transform(X)
# 打印标准化后的数据
print(X_scaled)
```

2.

```python
import numpy as np
from sklearn.datasets import load_iris
# 加载鸢尾花数据集
iris = load_iris()
X = iris.data
y = iris.target
# 计算平均值
mean = np.mean(X, axis=0)
print("平均值:", mean)
# 计算中位数
median = np.median(X, axis=0)
print("中位数:", median)
# 计算标准差
std = np.std(X, axis=0)
print("标准差:", std)
```

3.

```python
import pandas as pd
from sklearn.datasets import load_iris
# 加载鸢尾花数据集
iris = load_iris()
X = iris.data
y = iris.target
# 将特征数据转换为 DataFrame
df_data = pd.DataFrame(X, columns=iris.feature_names)
# 将类别数据转换为 DataFrame
df_label = pd.DataFrame(y, columns=['target'])
# 将特征数据保存为 CSV 文件
df_data.to_csv('data.csv', index=False)
# 将类别数据保存为 CSV 文件
df_label.to_csv('label.csv', index=False)
```

4.

```python
import numpy as np
from sklearn.datasets import load_iris
# 加载鸢尾花数据集
iris = load_iris()
```

```python
X=iris.data
y=iris.target
feature_names=iris.feature_names
target_names=iris.target_names
# 绘制花萼长宽图
plt.figure(figsize=(10,5))
# 分割花萼长度和宽度
sepal_length=X[:,0]
sepal_width=X[:,1]
# 绘制散点图,颜色根据花的种类来区分
for i, color in zip(range(3),['red','green','blue']):
    plt.scatter(sepal_length[y==i],
        sepal_width[y==i],
        alpha=0.8,
        label=target_names[i],
        color=color)
plt.xlabel('花萼长度/cm')
plt.ylabel('花萼宽度/cm')
plt.title('鸢尾花花萼长宽与种类关系散点图')
plt.legend(loc='upper left')
plt.grid(True)
plt.show()
# 绘制花瓣长宽图
plt.figure(figsize=(10,5))
# 分割花瓣长度和宽度
petal_length=X[:,2]
petal_width=X[:,3]
# 绘制散点图,颜色根据花的种类来区分
for i, color in zip(range(3),['red','green','blue']):
    plt.scatter(petal_length[y==i],
        petal_width[y==i],
        alpha=0.8,
        label=target_names[i],
        color=color)
plt.xlabel('花瓣长度/cm')
plt.ylabel('花瓣宽度/cm')
plt.title('鸢尾花花瓣长宽与种类关系散点图')
plt.legend(loc='upper left')
plt.grid(True)
plt.show()
```